茶艺项目化教程
（第2版）

主　编	吴　曦　　王　辉	
副主编	周　靖　　祝长兴　　邓　戈	
	苏　博　　何　新　　张　茜	
	尹誉漫　　张晓宇　　刘　迪	
	刘晓光　　刘丹丹	
参　编	刘长瑞　　刘书君　　黄军波	

北京理工大学出版社
BEIJING INSTITUTE OF TECHNOLOGY PRESS

内 容 提 要

本书全面贯彻党的二十大精神,基于理论与实践相结合,注重课程素养教育,体现岗课赛证一体化教学。通过项目载体设计重新组织教学内容,在"做中学"的任务驱动方式下逐步进行课堂教学的展开与深入;通过岗位工作的流程化设计,再现岗位技能应用的工作情境,培养学生以"任务清单—任务导入—任务分析—知识准备—任务分工—任务实施—任务评价"的工作逻辑思路展开技能训练与学习。

本书共分九个项目,以项目导入和任务驱动的方式详细介绍茶艺的起源与发展、茶的加工与分类、茶的品质评品方法、茶艺表演礼仪及茶艺表演欣赏、评价等内容,旨在让高职学校广大学生学习茶艺、了解我国优秀传统文化、提高学生文化素养,进而为推动我国茶艺文化事业的发展,以及进行国内外交流奠定基础。

图书在版编目(CIP)数据

茶艺项目化教程/吴曦,王辉主编. -- 2 版.

北京:北京理工大学出版社,2025.1.

ISBN 978-7-5763-4827-9

Ⅰ. TS971.21

中国国家版本馆 CIP 数据核字第 20256CH702 号

责任编辑:龙 微		文案编辑:龙 微	
责任校对:周瑞红		责任印制:王美丽	

出版发行 / 北京理工大学出版社有限责任公司

社 址 / 北京市丰台区四合庄路6号

邮 编 / 100070

电 话 / (010)68914026(教材售后服务热线)

　　　　　(010)63726648(课件资源服务热线)

网 址 / http://www.bitpress.com.cn

版 印 次 / 2025年1月第2版第1次印刷

印 刷 / 河北鑫彩博图印刷有限公司

开 本 / 787 mm×1092 mm 1/16

印 张 / 11

字 数 / 210千字

定 价 / 89.00 元

前　言

　　党的二十大报告指出："中华优秀传统文化源远流长、博大精深，是中华文明的智慧结晶，其中蕴含的天下为公、民为邦本、为政以德、革故鼎新、任人唯贤、天人合一、自强不息、厚德载物、讲信修睦、亲仁善邻等，是中国人民在长期生产生活中积累的宇宙观、天下观、社会观、道德观的重要体现，同科学社会主义核心价值观主张具有高度契合性。"茶文化是中国优秀传统文化的重要组成部分，茶之为美，是民生产业、绿色环保产业、健康生命产业。以茶为媒，传播中华茶文化，是我们的神圣使命。

　　本书全面贯彻党的二十大精神，基于理论与实践相结合，注重课程素养教育，体现岗课赛证一体化教学。通过项目载体设计重新组织教学内容，在"做中学"的任务驱动方式下逐步进行课堂教学的展开与深入；通过岗位工作的流程化设计，再现岗位技能应用的工作情境，培养学生以"任务清单—任务导入—任务分析—知识准备—任务分工—任务实施—任务评价"的工作逻辑思路展开技能训练与学习。

　　本书共分九个项目，以项目导入和任务驱动的方式详细介绍茶艺的起源与发展，茶的加工与分类、茶的品质评品的方法、茶艺表演礼仪及茶艺表演欣赏、评价等内容，旨在让高职学校广大学生学习茶艺、了解我国优秀传统文化、提高学生文化素养，进而为推动我国茶艺文化事业的发展，以及进行国内外交流奠定基础。

　　全书由吉林电子信息职业技术学院吴曦、王辉担任主编，由吉林电子信息职业技术学院周靖、祝长兴、邓戈、苏博、何新、张茜、尹誉漫、张晓宇、刘迪、刘晓光、刘丹丹担任副主编，林省松花湖国际度假区开发有限公司刘长瑞、吉林市北大湖滑雪度假区管理有限公司刘书君和吉林市冰雪经济高质量发展试验区黄军波参与本书编写。此外，本书在编写过程中参考和借鉴了许多学者的教材、专著和文献资料，在此表示感谢。

　　由于编者水平有限，书中还存在许多不足之处，希望广大读者批评指正。

编　者

目 录

项目一 茶及茶文化基础

项目引言

中国是茶的故乡，是世界茶文化的发源地。茶是中华民族的举国之饮，发于神农，闻于鲁周公，兴于唐代，盛于宋代，普及于明清之时。从古代丝绸之路、茶马古道、茶船古道，到今天丝绸之路经济带、海上丝绸之路，茶穿越历史、跨越国界，深受世界各国人民喜爱。习近平指出："作为茶叶生产和消费大国，中国愿同各方一道，推动全球茶产业持续健康发展，深化茶文化交融互鉴，让更多的人知茶、爱茶，共品茶香茶韵，共享美好生活。"

学习目标

知识目标

1.了解茶文化的起源与发展过程；

2.了解茶的发现与利用的过程；

3.了解饮茶与健康方面的知识。

能力目标

1.结合所学知识，对茶艺有基本的认知；

2.具备自主探究的学习能力。

素养目标

1.引领学生树立传承和发扬中华民族传统文化的思想，增强文化自信；

2.培养学生辩证分析问题的能力；

3.培养学生用茶文化的思想去影响和熏陶自己的行为和生活方式，实现自我价值的提高和人格的丰盈。

✅ 任务清单

学习任务清单		
完成一项学习任务后，请在对应的方框中打钩		
课前预习	☐	准备学习用品，预习课本知识
	☐	通过网络收集有关茶和茶文化的资料
	☐	形成对茶和茶文化的初步印象，并与课本知识相互印证
课堂学习	☐	了解茶的发现与利用
	☐	了解茶文化的起源与发展
	☐	知道茶树的类型与生长环境
	☐	了解我国主要的产茶区
	☐	掌握茶叶的分类、储藏与保管
	☐	了解饮茶与健康方面的知识
课后实践	☐	积极、认真地参与实训活动
	☐	在实训中，与同学协调配合，提高人际交往能力和解决问题的能力
	☐	提高茶艺素养，传承与弘扬中华茶文化
学习任务标准		
完成一项学习任务后，请在对应的方框中打钩		
1+X茶艺师国家职业技能等级标准	☐	中国茶的源流
	☐	中国茶和饮茶方法的演变基础知识
	☐	中国茶文化精神
	☐	中国饮茶风俗基础知识
中国茶艺水平评价规程	☐	茶的古今称谓演变基础知识
	☐	茶事艺文基础知识
	☐	陆羽和《茶经》基础知识

工作任务一　茶之印象

📍 任务导入

　　午后，王芳静静地坐在窗前，桌上摆放着一套精致的茶具，袅袅茶香在空气中弥漫，准备开始一段特殊的旅程。她端起茶杯，轻轻吹拂着浮在茶面上的几片嫩绿茶叶，然

后慢慢地品尝。那茶水滑过舌尖，带着一种苦涩后的回甘，仿佛诉说着一段千年的故事。

在这茶香中，仿佛穿越时空，回到了那个古老的年代，看到了茶农们辛勤地在茶园里劳作，看到了茶叶在炒制过程中逐渐散发出迷人的香气，看到了文人雅士们在品茗间高谈阔论、挥毫泼墨……心灵逐渐沉浸在这份宁静与和谐中。王芳开始思考茶背后的文化意蕴，以及茶的分类和特征。

 任务分析

通过资料收集，了解茶艺的基本概念、茶艺学研究的内容，以及茶艺的起源与发展过程，思考我们学习茶艺的意义。

 知识准备

一、茶艺的含义

茶艺是包括茶叶品评技法和艺术操作手段的鉴赏，以及品茗美好环境的领略等整个品茶过程的美好意境，其过程体现了茶艺形式和精神的相互统一。就形式而言，茶艺包括选茗、择水、烹茶技术、茶具艺术、环境的选择创造等一系列内容。品茶先要择器，讲究壶与杯的古朴雅致，或是豪华庄贵。另外，品茶还要讲究人品、环境的协调，文人雅士讲求清幽静雅，达官贵族追求豪华高贵等。一般传统的品茶，环境要求多是清风、明月、松吟、竹韵、梅开、雪霁等种种妙趣和意境。总之，茶艺是形式和精神的完美结合，其中包含着美学观点和人的精神寄托。传统的茶艺，是用辩证统一的自然观和人的自身体验，从灵魂与肉体的交互感受中来辨别有关问题，所以茶艺既包含我国古代朴素的辩证唯物主义思想，又包含人们主观的审美情趣和精神寄托（图1-1）。

图 1-1　盖碗茶艺表演

狭义的茶艺。范增平定义为"研究如何泡好一壶茶的技艺，和如何享用一杯茶的艺术"；丁以寿认为，"所谓茶艺，是指备器、造水、取火、候汤、习茶的一套技艺"；蔡荣章认为，"茶艺是指饮茶的艺术"。而余悦在他的《茶韵》一书提出"茶艺"含义的几个观点：一是茶艺的范围应界定在泡茶和饮茶范畴，种茶、卖茶和其他方面的用茶都不包括在此行列之内；二是指茶艺（包括泡茶和饮茶）的技巧。泡茶技巧实际上包括茶叶的识别、茶具的选择、泡茶用水的选择等。茶艺的技术是指茶艺的技巧和工艺，包括茶艺术表演的程序、动作要领、讲解的内容，以及茶叶色、香、味、形的欣赏。茶艺属于生活美学、休闲美学的领域，茶艺包括环境的美、水质的美、茶叶的美、茶器的美、泡茶者的艺术之美。

广义的茶艺，是指茶叶生产、经营和品饮全过程涉及的技术，也有人将其称为"艺茶"。这一界定，其范畴几乎与"茶学"等同，即研究茶的科学和技术。茶学是研究茶叶生产、茶叶贸易、茶的功能与利用，以及茶的饮品、消费的综合性学科，茶文化和茶艺是茶学领域的一部分。"茶艺"一词的出现，是用以区别日本茶道的，而日本茶道并不涵盖种茶、制茶和茶的贸易范畴。而且，将茶艺等同于茶学，容易引起人们对茶学的误解，不利于茶学学科的发展。

寻茶之旅

如何正确理解茶艺的内容

简单来说，茶艺是茶和艺的有机结合，是泡茶和饮茶技巧的体现。茶艺是茶人把人们日常饮茶的习惯，通过艺术加工，向饮茶者和宾客展现茶的品饮过程中选茶、备具、冲泡、品饮、鉴赏等的技巧，并把日常的泡茶饮茶技巧引向艺术化，提升品茶的境界，赋予茶更强的灵性和美感。

茶艺是一种泡茶、品茶艺术，更是一种生活艺术。茶艺内容丰富多彩，包括了生活的诸多方面，如茶艺内容包括生活美学、休闲美学与实用美学等艺术，在泡茶过程中讲究环境之美、茶叶之美、器具之美、流程动态之美等内容，品茶过程讲究举止文雅得体，仪表、心灵、容貌、风度、精神等也体现美感等，故茶艺的过程充满了生活情趣，对于丰富我们的生活、提高生活品位，是一种积极的方式。

茶艺是一种文化。茶艺在融合中华民族优秀文化的基础上广泛吸收和借鉴了其他艺术形式，并扩展到文学、艺术等领域，形成了具有浓厚民族特色的中华茶文化。

茶艺是一种具有思想和精神的茶事活动艺术。所谓具有思想和精神，是指茶艺过程中所贯彻的思想和精神，如在茶艺表演过程中，要尊重自然规律，崇尚纯朴的审美情趣；在程序上，要顺应茶理，合乎泡茶原理，灵活掌握泡茶环节；而在品茶过程中，进入内心的修养过程，感悟酸、甜、苦、辣的人生，使心灵得到净化。

要展现茶艺的魅力，还需要借助人物、道具、舞台、灯光、音响、字画、花草等的密切配合及合理编排，给饮茶人以高尚、美好的享受，给表演带来活力。

二、茶艺的分类

茶艺，顾名思义，茶应该是主体。不同茶类，由于茶树品种和加工方法不同而具有不同特性，因而要求不同的烹茶器具和烹茶方法。虽然茶类众多，但都可归入六大茶类之中。在某一类茶中，如绿茶类，除炒青、烘青和蒸青外，各地还有众多的名优茶，不同绿茶名优茶在泡饮上会有不同的方式，但基本要求是一致的，无论采用何种泡饮法，都是为了更好地保持"清汤绿叶"。因此，所谓"艺"，则是以"茶"为中心而定制的。不同地区、不同民族都有一定的茶类要求，广东福建和台湾地区普遍饮用乌龙茶，江南一带多饮绿茶，华北地区则偏向饮用茉莉花茶；蒙古族和藏族人民喜爱黑茶。按茶类划分茶艺种，既体现茶饮技艺，也在一定程度上反映了民族和地区特点。所以，按茶类划分茶艺分类比较科学，更易为大多数人所接受。因此，可以将现有茶艺分为绿茶茶艺、红茶茶艺、乌龙茶艺、黑茶茶艺、白茶茶艺、黄茶茶艺共六大类。

由于不同茶类的烹茶用具和烹茶技艺有相似性，因此也可将茶类、用具和烹茶技术三者综合起来，分为工夫茶艺、壶泡茶艺、盖杯泡茶艺、玻璃杯泡茶艺、工夫法茶艺五类。

（1）工夫茶艺：可分为武夷工夫茶艺、武夷变式工夫茶艺、台湾工夫茶艺、台湾变式工夫茶艺。武夷工夫茶艺是指源于武夷山的青茶小壶单杯泡法茶艺；武夷变式工夫茶艺是指用盖杯代替茶壶的单杯泡法茶艺；台湾工夫茶艺是指小壶双杯泡法茶艺；台湾变式工夫茶艺是指用盖杯代替茶壶的双杯泡法茶艺。

（2）壶泡茶艺：可分为绿茶壶泡茶艺、红茶壶泡茶艺等。

（3）盖杯泡茶艺：可分为绿茶盖杯泡茶艺、红茶盖杯泡茶艺、花茶盖杯泡茶艺等。

（4）玻璃杯泡茶艺：可分为绿茶玻璃杯泡茶艺、黄茶玻璃杯泡茶艺等。

（5）工夫法茶艺：可分为绿茶工夫法茶艺、红茶工夫法茶艺、花茶工夫法茶艺。

以人为主体，可将茶艺分为宫廷茶艺、儒士茶艺、民俗茶艺、宗教茶艺。中华茶艺分类如图1-2所示。

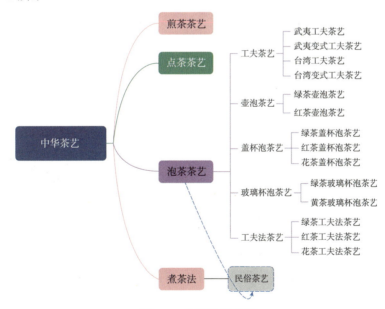

图1-2　中华茶艺分类

中国茶艺按照茶艺的表现形式分类可分为表演型茶艺、待客型茶艺、营销型茶艺、养生型茶艺四大类。

（1）表演型茶艺：是指一个或多个茶艺师为众人演示泡茶技巧，其主要功能是聚焦传媒，吸引大众，宣传、普及茶文化，推广茶知识。这种茶艺的特点是适用于大型聚会、节庆活动，与影视网络传媒结合，能起到宣传茶文化及中国传统文化的良好效果。表演型茶艺重在视觉观赏价值，同时也注重听觉享受。它要求源于生活、高于生活，可借助舞台表现艺术的一切手段来提升茶艺的艺术感染力。

（2）待客型茶艺：是指由一名主泡茶艺师与客人围桌而坐，一同赏茶鉴水、闻香品茗。在场的每个人都是茶艺的参与者，而非旁观者，都直接参与茶艺美的创作与体验，都能充分领略到茶的色香味韵，也都可以自由交流情感、切磋茶艺，以及探讨茶道精神和人生奥义。

这种类型的茶艺适用于茶艺馆、机关、企事业单位及普通家庭。修习这类茶艺时，切忌带上表演型茶艺的色彩。讲话和动作都不可矫揉造作，服饰化妆不可过浓、过艳，表情最忌夸张，一定要像主人接待亲朋好友一样亲切、自然。这类茶艺要求茶艺师能边泡茶、边讲解，客人可以自由发问、随意插话，所以要求茶艺师具备比较丰富的茶艺知识和较好地与客人沟通的能力。

（3）营销型茶艺：是指通过茶艺来促销茶叶、茶具、茶文化。这类茶艺是最受茶厂、茶庄、茶馆欢迎的一种茶艺。演示这类茶艺，一般要选用审评杯或三才杯（盖碗），以便直观地向客人展示茶性。这种茶艺没有固定的程序和解说词，而是要求茶艺师在充分了解茶性的基础上，因人而异，看人泡茶、看人讲茶。看人泡茶，是指根据客人的年龄、性别、生活地域冲泡出最适合客人口感的茶，展示出茶叶商品的保障因素（如茶的色香味韵）。看人讲茶，是指根据客人的文化程度、兴趣爱好，巧妙地介绍茶的魅力因素（如名贵度、知名度、珍稀度、保健功效及文化内涵等），以激发客人的购买欲望，产生"即兴购买"的冲动，甚至"惠顾购买"的心理。营销型茶艺要求茶艺师诚恳自信、有亲和力，并具备丰富的茶叶商品知识和高明的营销技巧。

（4）养生型茶艺：包括传统养生型茶艺和现代养生型茶艺。传统养生型茶艺，是指在深刻理解中国茶道精神的基础上，结合中国佛教、道教的养生功法，如调身、调心、调息、调食、调睡眠、打坐、入静或气功导引等功法，使人们在修习这种茶艺时以茶养身、以道养心、修身养性、延年益寿。现代养生型茶艺，是指根据现代中医学最新研究的成果，根据不同花、果、香料、草药的性味特点，调制出适合自己身体状况和口味的养生茶。养生型茶艺提倡自泡、自斟、自饮、自得其乐，受到越来越多茶人的欢迎。

寻茶之旅 🍃

521"国际茶日"设立过程

"国际茶日"于 2019 年 11 月 27 日第 74 届联合国大会宣布设立，时间为每年 5 月 21 日，以赞美茶叶对经济、社会和文化的价值，是以中国为主的产茶国家首次成功推动设立的农业领域国际性节日。

2018年5月17—20日，联合国粮农组织政府间茶叶工作组第23届会议在杭州举行。中国、印度、斯里兰卡等世界茶叶产区，英国、美国、德国等世界茶叶销区，以及国际茶叶委员会（ITC）等25个国家和国际组织共116名代表参加会议。此次会议上，中国代表团提出将每年5月21日设立为"国际饮茶日"。

2018年9月26—28日，联合国粮农组织（FAO）在罗马总部召开第72届商品问题委员会会议。该会议对中国所关注的将每年5月21日设立为"国际饮茶日"的提案进行投票。农业农村部农业贸易促进中心主任张陆彪从帮助消除贫困、促进茶叶消费及提升人类健康水平等多个角度阐述设立"国际饮茶日"的意义，对这项提案进行了有力陈述。中国提案在商委会获得全体成员国通过，并决定把中国提案提交FAO理事会讨论。至此，这项由中国推动的"国际饮茶日"提案，在联合国粮农组织成员国的支持下，终于又迈出了关键性的一步。

2018年12月，FAO理事会通过了获得第72届商委会批准的"国际饮茶日"提案，这意味着"国际饮茶日"设立事宜进入了快车道。

2019年6月21—22日，联合国粮农组织政府间茶叶工作组在俄罗斯索契召开了第24届期间会议，共有来自国际茶叶工作组成员国的代表、有关观察员国代表及FAO代表60多人出席会议。此次会议达成四点共识，其中第二点就是与会代表一致同意"采取切实行动合作庆祝'国际饮茶日'"。会议要求把全球茶叶消费引导与生产中贯彻可持续发展的理念相结合。

2019年6月22—23日，联合国粮农组织（FAO）大会第41届会议在罗马召开。会议审议通过了FAO理事会第160届会议批准的"国际饮茶日"提案，并提请联合国大会下届会议考虑宣布将每年5月21日定为"国际饮茶日"。在本次大会上，时任中国农业农村部副部长屈冬玉当选为FAO第九任总干事。这也是中国人首次担任该组织总干事一职。屈冬玉的当选，成为推动中国茶产业和世界茶产业向前发展的关键性事件，这对今后各国充分了解中国茶，尤其是中国名优茶走向世界具有积极意义。

2019年12月19日，新华社发布消息："第74届联合国大会通过决议，将每年5月21日定为'国际茶日'"。

2020年5月21日，是联合国确定的首个"国际茶日"。国家主席习近平向"国际茶日"系列活动致信表示热烈祝贺（图1-3）。2020年"国际茶日"期间，我国农业农村部与联合国粮农组织、浙江省政府以"茶和世界　共品共享"为主题，通过网络开展系列宣传推广活动。

图1-3　习近平致信祝贺首个"国际茶日"

三、茶艺的特性

茶艺包含茶（茶艺的载体）和使用茶的人（因茶而有的各种观念）两个方面，具有物质属性和精神属性两个方面的形式与内涵。作为一种文化现象，茶艺具有以下四个特性。

（一）文质并重，尤重意境

孔子有言："质胜文则野，文胜质则史。"也就是说，没有合乎礼仪的外在形式（包括服饰），就像一个粗俗的凡夫野人；如果只有美好的、合乎礼仪的外在形式，掌握了一种符合进退俯仰、给人以庄严肃穆的美感的动作（包括服装礼仪），而缺乏"仁"的品质，那么包括服饰在内的任何外在虚饰都只能使人感到其为人的浮夸。这点恰与茶艺的内涵不谋而合。一次完整的、高品质的茶艺，应该在各个方面都是优秀的，包括茶、水、境、器、人、艺与礼仪规范等，这些缺一不可。若有一方残缺，便称不上是一次完整的、高品质的茶艺活动，而意境又尤为关键。将茶艺由沏泡手法表演，上升到美学境界，达到心会神合，才是意境精髓所在。

（二）百花齐放，不拘一格

随着历史的发展，茶艺演变出不同的类型。

（1）宫廷茶艺是帝王为敬神祭祖或宴赐百官进行的茶艺，如唐代的清明茶宴、清代的千叟茶宴等。其特点是场面宏大、礼仪烦琐、气氛庄严、器具奢华、等级森严。

（2）儒士茶艺是历代文人雅士在品茗斗茶中形成的茶艺，如颜真卿等名士月下连茶联、宋代文人斗茶时的点茶法等。其特点是文化厚重、意境独特、茶具典雅、形式多样、气氛愉悦。常与赏花、玩月、抚琴、吟诗、联句、叙谈、踏青、题字、作画等相结合。

（3）民族茶艺是各民族在长期茶事活动中创造的富有乡土气息和民族韵味的茶艺形式，如藏族的酥油茶、蒙古族的奶茶、白族的三道茶。

（4）宗教茶艺是僧人羽士在以茶礼佛、祭神、修道、待客、养性等过程中形成的多种茶艺形式，如禅茶茶艺、太极茶艺等。

这些不同的加工工艺和冲泡方式，无疑为中国茶艺增添了更加生动别致的一笔。而现今按照茶品划分，我国茶品可分为八个大类，其中名品更是数不胜数，每种茶都有自己独特的气味与芳香，这就更需要不同的茶艺手法才能将其特质更好地展现出来。

（三）道法自然，崇静尚简

中国茶道经历漫长岁月之后，归于自然质朴，力求物我合一。

茶人在饮茶、制茶、烹茶、点茶时的身体语言和规范动作中，在特定的环境气氛中，享受着人与大自然的和谐之美，没有嘈杂的喧哗，没有人世的纷争，只有鸟语花香、溪水流云和悠扬的古琴声，茶人的精神得到一种升华，这一点恰与茶艺中的"境之美"相符合。以"自然"之境，来衬托精神之"道"。而这种"自然"也不仅仅是指自然环境，也有随心而至、随性而至，无繁文缛节的意思，保持纯良的心性和自然超脱的态度，才是"道"之所在。

陆羽在《茶经》中提倡饮茶应"精行俭德"，在品味茶韵时要自我修养、磨炼心性、陶冶情操。茶具的朴实也说明了茶人们反对追求奢华，希望物尽其用、人尽其才。可以说中国茶道是一种艺（茶、烹茶、品茶之术）和道（精神）的完美结合。光有"艺"，只能是有形而无神；光有"道"，只能是有神而无形。所以说，没有一定文化修养和良好品德的人是无法融入茶道所提倡的精神之中的。

（四）注重内省，追求怡真

"内省"即在内心省察自己的思想、言行有无过火。儒家自孔子开始便很注重这种内心的道德修养。曾子要求人们"内省""自反"。孟子的"内省"修养名为"存心"，也叫作"求放心"。茶饮具有清新、雅逸的天然特性，能静心、静神，有助于陶冶情操、去除杂念、修炼身心，这与提倡"清静、恬淡"的东方哲学思想很合拍，也符合佛道习俗的"内省修行"思想。

"怡"有和悦之意。饮茶啜苦咽甘，启发生活情趣，培养宽阔胸襟与远大眼光，使人我之间的纷争消弭于无形，此为"和"；怡悦的精神在于不矫饰自负，处身于温和之中，养成谦恭之行为。

"真"即真理、真知、真实之意。至善即是真理与真知结合的总体。至善的境界，是存天性，去物欲，不为利害所诱，格物致知，精益求精。换而言之，就是用科学方法，求得一切事物的至诚。饮茶之真谛，在于启发智能与良知，使人在日常生活中淡泊明志，俭德行事，臻于真、善、美的境界。

寻茶之旅

太极茶道苑

太极茶道苑是一家古茶馆，坐落于千年古街——清河坊，古色古香的建筑和布置，独具特色的工夫茶。这里的茶道技艺很棒，身着青衣长衫的茶博士现场表演，各种绝活随着服务过程一一展示，不仅好看，而且有利于茶的香气发挥。茶馆有许多独一无二的茶叶品种，如阴韵乌龙、冷迎霜、水丹青、八卦茶、真金八宝茶等，名气很大，都是太极茶道苑的独家招牌茶，有些茶外形不见得很美，茶香却是最佳的。最特别的要数一种珍藏的极品茶，号称"不见皇帝不开封"！此外，这里的水特别讲究，只用天然雨水和雪水泡茶，茶汤特别清澈明亮，回味特别甘甜、爽口。这里的茶点也很讲究，多数都现场制作，如南翔小笼、西湖藕粉、北京茶汤、咸菜老豆腐、南瓜粥、宁波汤圆等，都是大家耳熟能详的特色小点。茶馆临街的小窗，抬眼看去都是仿古的建筑，看着如织的行人，闻着浓郁的茶香，真是独特的享受（图1-4、图1-5）。

太极茶道苑在杭州闻名遐迩，许多大腕名流、高官大师常在此品茶论道，常引发许多新闻事件。这里先后接待过霍金、陈慕华、吴仪、李岚清、张德江、陈佩斯、杨澜、何赛飞、陈凯歌、姜育恒、何炅、张耀扬等名人，谢霆锋、刘德华等歌星在杭州开演唱会也先后将这里作为策划地和筹备地。名流和百姓都喜欢在此优雅品茶。

图 1-4　太极茶道苑　　　　　　　图 1-5　太极茶道苑茶艺表演

 **任务分工**

以 4～6 人为一个小组，各小组选出组长并进行任务分工，然后将分工情况填入表中。

班级		组号		指导教师	
小组成员	姓名	学号		任务分工	
组长					
组员					

任务实施

按照工作计划开展活动，然后将具体的实施情况记录在表格中。

班级：	组号：	组长：
时间安排	**实施步骤**	
	（1）进行资料收集与汇总 茶艺的含义： 茶艺的分类： 茶艺的特性：	
	（2）讨论并分析资料	
	（3）书写汇总报告，制作PPT	
	（4）过程中遇到的问题及解决办法 问题： 解决办法：	
	（5）在课堂上汇报成果，同时分享自己的心得体会	
	（6）其他同学提问	

任务评价

各组成员结合课前、课中、课后的学习情况及任务完成情况，按照任务评价表中的评价标准进行自评、互评，请教师进行总体评价。

考核内容	评价标准	分值	评价得分		
			自评	互评	师评
知识、技能考核（70%）	能够掌握茶艺的含义	10			
	能复述茶艺的基本类型	10			
	能阐述茶艺的特性	10			
	收集的资料真实、客观、全面	10			
	PPT制作内容准确、完整，富有创意	15			
	任务讲解标准、流利，讲述清楚、生动	15			

续表

考核内容	评价标准	分值	评价得分		
			自评	互评	师评
德育、素养考核（30%）	课前积极收集茶艺特性的相关资料，并主动预习和复习本任务的知识	5			
	分工合理，任务准备工作做得充分	5			
	认真思考提问，积极参与课堂互动活动，并踊跃发表自己的看法	5			
	具有良好的团队精神和团队协作能力	10			
	任务单填写完整，字迹工整	5			
总评	自评（20%）+互评（20%）+师评（60%）=		教师（签名）：		

工作任务二　茶文化的起源和发展

任务导入

刘夏在印象茶楼实习，今天上班时，她听到了两位客人聊天，女士A说："喝茶最好了，可以美容减肥，你说日本人真聪明，能够发现这么好的茶叶。"女士B反驳道："才不对呢，茶叶最早是产自中国的，是中国人最早发现的茶树。不信你问问茶艺师。"如果你是刘夏，你该怎么样回答客人的问题呢？

任务分析

通过资料收集，了解茶文化的概念、茶文化的起源与发展，以及饮茶方式的演变，思考我国茶文化的传播过程。

 ## 知识准备

一、茶文化的概念

茶文化是指人类在种茶、制茶及饮茶的历史实践过程中所创造的物质财富和精神财富的总和。它包括有关茶的历史、著作、传说等，以及人类品茶的技艺，还包括茶在人际交往和文化交流中所具有的特殊作用和意义。

　　茶文化起源于我国。中国数千年古老而悠远的文明发展史为茶文化的形成和发展奠定了极为深厚的基础。中国茶文化在漫长的孕育与成长过程中，不断融入中华优秀传统文化精髓，并在民族文化巨大而深远的背景下逐步走向成熟。中国茶文化以其独特的审美情趣和鲜明的个性风采成为中华民族灿烂文明的一个重要组成部分。

二、茶文化的起源与发展

茶文化的发展

　　中国是茶的故乡，也是茶文化的发祥地。

（一）茶文化的起源

1. 西周

　　晋·常璩《华阳国志·巴志》："周武王伐纣，实得巴蜀之师，……茶蜜……皆纳贡之。"这一记载表明，在周武王伐纣时，巴国就已经以茶和其他珍贵产品纳贡于周武王。经过夏、商两代后，西周时期，人们将鲜叶洗净后，置陶罐中加水煮熟，连汤带叶服用，这是茶作为饮品的开端。

2. 东周

　　《晏子春秋》记载："晏子相景公，食脱粟之食，炙三弋、五卵、苔菜耳矣"；又《尔雅》中，"苦荼"一词注释云"叶可炙作羹饮"；在《桐君录》等古籍中，则有茶与桂姜及一些香料同煮食用的记载。此时，对于茶叶的利用又前进了一步，运用了当时的烹煮技术，并已注意到茶汤的调味。这是茶的食用阶段，即以茶当菜，煮作羹饮。茶叶煮熟后，与饭菜调和在一起食用。

（二）茶文化的萌芽

1. 秦汉时期

　　秦汉时期，人们开始对茶叶进行简单加工：鲜叶用木棒捣成饼状茶团，再晒干或烘干制成饼茶以存放，这是最早的饼茶。饮用时，先将茶饼捣碎放入壶中，注入开水（或沸煮）并加入葱姜、橘子等调味。此时，茶叶不仅是日常生活的解毒药品，而且成为待客的食品。由于秦统一了巴蜀，促进了饮茶风俗向东延伸。西汉时，茶已是宫廷及官宦人家的一种高雅消遣，王褒的《僮约》中已有"武阳买茶"的记载。

2. 三国时期

　　三国时期，崇茶之风进一步发展，开始注重茶的烹煮方法，说明当时华中地区饮茶已比较普遍。

　　东汉末年、三国时期的名医华佗在《食论》中提出了"苦荼久食，益意思"，是对茶叶药理功效的第一次记述。

　　史书《三国志》述吴国君主孙皓"赐茶以代酒"，这是"以茶代酒"的最早记载。

3. 魏晋南北朝时期

　　（1）茶与宗教结缘。随着佛教传入、道教兴起，饮茶已与佛、道联系起来。道家修炼气功要打坐、内省，茶对清醒头脑、舒通经络有一定作用，于是出现一些饮茶可羽化成仙的故事和传说，这些故事和传说在《续搜神记》《杂录》等书中均有记载。南北朝时期佛教开始兴起，当时战乱不已，僧人倡导饮茶，也使饮茶染上了佛教色彩，促进了"茶禅一味"思想的产生。在佛家看来，茶是坐禅入定的必备之物。

（2）出现以茶养廉示俭。至陆纳、桓温、齐武帝时，饮茶已不仅仅是为了提神、解渴，它开始产生一些社会功能，成为待客、祭祀、表达精神和情操的方式。自此，茶已不完全以其自然使用价值为人所用，而开始进入精神领域，茶的"文化功能"渐渐表现出来。此后，"以茶代酒""以茶养廉"成为我国茶人的优良传统。

（3）茶开始成为文化人赞颂、吟咏的对象。在魏晋时期已有文人直接或间接地以诗文赞吟茗饮，如杜育的《荈赋》、孙楚的《出歌》、左思的《娇女诗》等。另外，文人名士既饮酒又喝茶，以茶助谈，开了清谈饮茶之风，出现一些文人名士饮茶的逸闻趣事。

魏晋南北朝时期，饮茶在一些皇宫显贵和文人雅士看来是一种高雅的精神享受，也是一种表达志向的方式。

茶人茶语

娇女诗
晋代 左思

吾家有娇女，皎皎颇白皙。	顾眄屏风书，如见已指摘。
小字为纨素，口齿自清历。	丹青日尘暗，明义为隐赜。
鬓发覆广额，双耳似连璧。	驰骛翔园林，果下皆生摘。
明朝弄梳台，黛眉类扫迹。	红葩缀紫蒂，萍实骤枇掷。
浓朱衍丹唇，黄吻烂漫赤。	贪华风雨中，眴忽数百适。
娇语若连琐，忿速乃明集。	务蹑霜雪戏，重綦常累积。
握笔利彤管，篆刻未期益。	并心注肴馔，端坐理盘鬲。
执书爱绨素，诵习矜所获。	翰墨戢闲案，相与数离逖。
其姊字惠芳，面目粲如画。	动为垆钲屈，屣履任之适。
轻妆喜楼边，临镜忘纺绩。	止为荼荈据，吹嘘对鼎立。
举觯拟京兆，立的成复易。	脂腻漫白袖，烟熏染阿锡。
玩弄眉颊间，剧兼机杼役。	衣被皆重地，难与沉水碧。
从容好赵舞，延袖象飞翮。	任其孺子意，羞受长者责。
上下弦柱际，文史辄卷襞。	瞥闻当与杖，掩泪俱向壁。

（三）茶文化的形成——唐代

唐代是我国封建社会发展的一个高峰期，社会、经济、文化等方面都走在世界前列。唐代的茶文化因当时的社会环境而出现一片繁荣景象。唐代茶文化的发展与茶饮的进一步普及及贡茶的发展密切相关，由于民间和宫廷的共同参与，形成中华茶文化发展的第一个高峰。

1. 全民饮茶

唐代之前，北方本来"初不多饮"，开元之后，北方许多地方"多开店铺，煎茶卖之"，这种"始曰中地"的饮茶风俗，很快与大唐文化一起"流于塞外"。饮茶地域性的消失是饮茶文化成为全国文化的标志。同时，饮茶人群甚为广泛，皇帝嗜茶，王公朝士无不饮者，文人嗜茶，僧人嗜茶，道士嗜茶，军人嗜茶，甚至"田间之间，嗜好尤甚"。饮茶不再是身份地位的象征，而成为所有人的嗜好。

2. 茶叶制作工艺大发展

自唐代至宋代，贡茶兴起，成立了贡茶院，即制茶厂，朝廷组织官员研究制茶技术，从而促进茶叶生产不断改革。过去初步加工的饼茶仍有很浓的青草味，经反复实践，唐代完善了蒸青制茶技艺。蒸青制茶即将茶的鲜叶蒸后碎制，压成饼形，饼茶穿孔，贯串烘干，去其青气，但仍有苦涩味，唐代增加了蒸青后压榨去汁的工艺，使茶叶的苦涩味大大降低。

3. 茶文学形成

《茶经》的面世标志着茶学和茶道的形成，它在中国乃至世界茶文化史中具有崇高的地位。张又新的《煎茶水记》、苏廙的《十六汤品》、温庭筠的《采茶录》、王敷的《茶酒论》、毛文锡的《茶谱》也从不同的侧面共同塑造了唐代茶学的辉煌成就。与此同时，大批诗人用自己饱含深情的笔墨书写了数百首茶诗。这些茶诗或讴歌饮茶的美妙，或表达赐茶、赠茶后的喜悦心情，或寄托对茶德的思考，凡此种种，都表达了人们对茶的热爱和追求。

此外，文学家、画家、史学家、语言学家等都拿起自己的笔为茶文学的繁荣而辛勤耕耘（图1-6）。

图1-6　唐代 阎立本《萧翼赚兰亭图》迄今为止发现的最早茶画

4. 茶道出现

唐代已经形成宫廷茶文化圈、文人茶文化圈、大众茶文化圈、僧侣茶文化圈，不同文化圈的人饮茶自然也就有不同的规则。

茶道的创立是唐代饮茶文化的最高层面，即精神方面的内容，这是唐代茶文化的突出表现。陆羽创立了以"精行俭德"为中心的茶道思想，他将中华民族的五行阴阳辩证法、道家天人合一的理念、儒家的中和思想等博大精深的精神浓缩在一碗茶汤中，被奉为"茶圣"。

刘贞亮将茶叶功效概括为《茶十项》，其中"以茶利礼仁""以茶表敬意""以茶可雅志""以茶可行道"四条纯粹是谈茶的精神作用。至此，唐代茶道已经形成。

寻茶之旅

陆羽与《茶经》

唐代陆羽在总结前人经验的基础上，结合自身的实践，著述了世界上第一部系统阐述茶的著作——《茶经》，第一次较为全面地总结了唐代以前有关茶叶的经验，大力提倡饮茶，推动了茶叶生产和茶学的发展。

陆羽所著《茶经》三卷十章，共7000余字，分别为：卷一，一之源，二之具，三之造；卷二，四之器；卷三，五之煮、六之饮、七之事、八之出、九之略、十之图。一之源，概述中国茶的主要产地及土壤、气候等生长环境和茶的性能、功用。二之具，讲述当时制作、加工茶叶的工具。三之造，讲述茶的制作过程。四之器，讲述煮茶、饮茶器皿。五之煮，讲述煮茶的过程、技艺。六之饮，讲述饮茶的方法、茶品鉴赏。七之事，讲述中国饮茶的历史。八之出，记载了全国四十余州产茶情形，对于自己不甚明了的十一个州的产茶之地亦如实注出。九之略，讲述饮茶器具何种情况应十分完备，何种情况可省略，野外采薪煮茶，火炉、交床等不必讲究，临泉汲水可省去若干盛水之具。但在正式茶宴上，"城邑之中，王公之门……二十四器缺一则茶废矣。"十之图，讲述的是茶室的布置。

《茶经》中所描述的每个环节都使人感受到，饮茶是置身于美的境界中，它将茶饮的方法程序化，辅以美学思想，从而形成优美的意境和韵律，将茶饮上升到了艺术的高度。在其影响下，唐代饮茶开启了品饮艺术的先河，使饮茶成为精神生活的享受。

（四）茶文化的兴盛——宋代

宋代茶文化在唐代茶文化的基础上继续发展、深化，进一步向上、向下拓展，宫廷茶文化与民间茶文化并蒂发展，呈现出宋代特有的文化品位。

1. 茶文化不断深入发展

宋代茶学比唐代茶学更有深度。由于茶业的南移，贡茶以建安北苑为最。当时对北苑贡茶的研究既深又精，形成了强烈的时代和地域色彩。比较著名的研究著作有叶清臣的《述煮茶泉品》、宋子安的《东溪试茶录》、熊蕃的《宣和北苑贡茶录》、蔡襄的《茶录》、沈括的《本朝茶法》、宋徽宗赵佶的《大观茶论》等。从作品及作者的身份来看，宋代茶学研究的人才层次和研究层次都很丰富，研究内容包括茶叶产地的比较、烹茶技艺、原料与成茶的关系、饮茶的器具、斗茶的过程及欣赏、茶叶质量的检评等，在深度及系统性方面与唐代相比都有新的发展。

2. 制茶技术快速发展

在宋代，制茶技术发展很快，新品不断涌现。北宋年间，做成团片状的龙凤团茶（图1-7）盛行。宋太宗于太平兴国年间（976年）开始在建安（今福建建瓯）设宫焙，专造北苑贡茶。自此，龙凤团茶有了很大的发展。宋徽宗赵佶更是以帝王之尊，倡导茶学，弘扬茶文化。在蒸青饼茶的生产中，为了改善苦味难除、香味不正的缺点，逐渐采取蒸后不揉不压，直接烘干的做法，将蒸青饼茶改为蒸青散茶，保持茶的香味，同时，对散茶的鉴赏方法和品质也有一定要求。

图1-7　龙凤团茶

施岳《步月·茉莉》词注"茉莉岭表所产……古人用此花焙茶"，这是加香料茶和花茶的最早记载。

3. 饮茶方式形式多样

宋初，茶叶多制成饼茶，饮用时碾碎，加调味品烹煮，也有不加的。随着茶品的日益丰富与品茶的日益考究，人们逐渐重视茶叶原有的色、香、味，调味品逐渐减少。此时，烹饮手法逐渐简化，传统的烹饮习惯由宋开始至明清出现了巨大变更。

斗茶是一种茶叶冲泡艺术，也是一种比较茶叶品质的方法，宋代斗茶空前兴盛并遍及全国。点茶是指一手执壶往茶盏点水，一手用茶筅旋转打击和拂动茶盏中的茶汤。由于宋代斗茶盛行，点茶技艺不断创新，产生了能在茶汤中形成文字和图像的技艺，即分茶技术，也称茶百戏。分茶能让观赏者和操作者从这些茶图案里获得美的享受。在宋徽宗和一大批文人、僧人的推崇下，分茶技艺在宋代发展到了极致。宋徽宗赵佶的《文会图》如图1-8所示。

图1-8　宋徽宗赵佶《文会图》
（台北故宫博物院藏）

（五）茶文化的普及——明清时期

1. 饮茶方式发生重大变革

历史上正式以国家法令形式废除团茶的是明太祖朱元璋，他于洪武二十四年（1391年）九月十六日下诏："罢造龙团，惟采茶芽以进。"从此，向皇室进贡的是芽叶形的蒸青散茶。皇室提倡饮用散茶，民间自然蔚然成风，并且将煎煮法改为随冲泡随饮用的冲泡法，这是饮茶方式的一次重大变革，改变了我国千古相沿成习的饮茶法。这种冲泡方式，对于茶叶加工技术的进步，如改进蒸青技术、产生炒青技术，以及对花茶、乌龙茶、红茶等茶类的兴起和发展起到巨大的推动作用。

2. 为茶著书立说

中国是最早为茶著书立说的国家，明代达到又一个兴盛期，并且形成了鲜明的特色。明太祖朱元璋第 17 子朱权于 1440 年前后编写《茶谱》一书，对饮茶之人、饮茶之环境、饮茶之方法、饮茶之礼仪等做了详细的介绍，改革了传统的品饮方法和茶具，提倡从简行事，主张保持茶叶的本色，顺其自然之性。陆树声在《茶寮记》中提倡于小园之中设立茶室，强调的是自然、和谐之美。张源在《茶录》中说："造时精，藏时燥，泡时洁。精、燥、洁，茶道尽矣。"这句话简明扼要地阐明了茶道真谛。明代茶书对茶文化的各个方面做了整理、阐述和开发，其突出贡献在于全面展示明代茶业的空前发展和中国茶文化继往开来的崭新局面，其成果一直影响至今。明代在茶文化艺术方面的成就较大，除茶诗、茶画外，还产生众多的茶歌、茶戏等。

3. 茶叶大量外销

清朝初期，以英国为首的欧洲国家开始大量从我国运销茶叶，使我国茶叶向海外的输出量猛增。茶叶的输出常伴以茶文化的交流和影响。1657 年，中国茶叶和茶具开始在法国市场销售。康熙八年（1669 年）英属东印度公司直接从万丹运华茶入英。康熙二十八年（1689 年）福建厦门出口茶叶 150 担（7 500 千克），开启中国内地茶叶直销英国市场的先河。中国茶叶在全世界得到广泛的传播。英国从中国输入茶叶后，茶饮逐渐普及，并形成了特有的饮茶风俗，讲究冲泡技艺和礼节，其中有很多中国茶礼的痕迹。此时，俄罗斯文艺作品中有众多关于茶宴茶礼场景的描写，这也是我国早期茶文化在俄罗斯民众生活中的反映。

（六）近现代市井茶文化

清末至中华人民共和国成立前的 100 多年，资本主义入侵，战争频繁，社会动乱，传统的中国茶文化日渐衰微，饮茶之道在中国大部分地区逐渐趋于简化，但这并不是中国茶文化的完结。从总体趋势看，中国的茶文化是在向下延伸，既丰富了它的内涵，也增强了它的生命力。清末民初，城市、乡镇茶馆、茶肆林立，大碗茶摊比比皆是。在盛暑季节，道路上的茶亭及善人乐施的大茶缸处处可见。"客来敬茶"已成为普通人家的礼仪美德。

（七）当代茶文化的新发展

1949 年以来，中国茶和茶文化得以恢复和发展，到 20 世纪 60 年代初，我国茶园与茶面积超过印度，特别是改革开放以来，茶和茶文化发展迅猛，呈现出生机勃勃的气势。20 世纪 90 年代起，一批茶文化研究者创作了许多专业著作，为当代茶文化的创立作出了积极贡献，如黄志根的《中国茶文化》、陈文华的《长江流域茶文化》、姚国坤的《茶文化概论》、余悦的《中国茶文化丛书》等，他们对茶文化学科各个方面进行了系统的专题研究，这些成果为茶文化学科的确立奠定了基础。

当前，正处在盛世兴茶的历史机遇期。"十三五"规划的开局"一带一路"倡议的实施，全面建成小康社会的推进，实现中华民族伟大复兴"中国梦"的宏伟蓝图，都为此注入了新动力，提供了新机遇，开启了新征程。

三、饮茶方式演变

（一）中国饮茶的发展历史

人类利用茶叶的方式大致经历了吃、喝、饮、品四个阶段。"吃"是将茶叶作为食物来生吃或熟食，"喝"是将茶叶作为药物或熬汤喝，"饮"是将茶叶煮成茶汤作为饮品来饮，"品"是将茶的人文内涵升华并进行品赏体悟。

1. 生食

我国食用茶叶的历史可以上溯到旧石器时代，那时人们将茶树幼嫩的芽叶和其他可食植物一起当作食物。古人直接含嚼茶树鲜叶，汲取茶汁，感到芬芳、口腔收敛。在《神农本草经》中有这样的记载："神农（图1-9）尝百草之滋味，水泉之甘苦，令民知所避就，当此之时，日遇七十毒，得茶而解。"这里的"茶"指的就是茶树的叶子。

图1-9 神农氏

2. 粗放煮饮

人们在食用茶叶的过程中发现它有解毒的功能，便将鲜叶洗净后，置于陶罐中加水煮熟，连汤带叶服用。煎煮的茶虽苦涩，但滋味浓郁。直到三国时期，我国饮茶方式还停留在药用和饮用阶段，粗放煮饮是茶作为饮品的开端。

3. 饮茶伊始

从西晋开始，四川地区的一些文人开始从事茶事活动，赋予了饮茶文化的意味。西晋著名诗人张载在《登成都楼》中写道："芳茶冠六清，溢味播九州。"他认为，芳香的茶汤胜过所有的饮品，茶的滋味可传遍神州大地，让人们满足于嗅觉和味觉的美妙享受。西晋文人杜育的《荈赋》是我国历史上第一首正面描写品茶活动的诗赋，可见那时茶汤已经作为品尝的对象。因此，中国的品茶艺术萌芽于西晋时期。

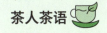

茶人茶语

《荈赋》

晋代 杜育

灵山惟岳，奇产所钟。瞻彼卷阿，实曰夕阳。厥生荈草，弥谷被岗。承丰壤之滋润，受甘露之霄降。月惟初秋，农功少休；结偶同旅，是采是求。水则岷方之注，挹彼清流；器择陶简，出自东隅；酌之以匏，取式公刘。惟兹初成，沫沈华浮。

焕如积雪，晔若春敷。若乃淳染真辰，色绩青霜；氤氲馨香，白黄若虚。调神和内，倦解慵除。

《荈赋》是现在能见到的最早专门歌吟茶事的诗词曲赋类作品。荈，音 chuǎn，指采摘时间较晚的茶。晋代郭璞云："早采者为茶（即茶），晚取者为茗，一名荈。"

在现存的正史古籍中，《荈赋》是中国茶叶史上第一篇完整地记载了茶叶从种植到品饮全过程的作品，文章从茶的种植、生长环境讲到采摘时节，又从劳动场景讲到烹茶、选水，以及茶具的选择和饮茶的效用等。

4. 细煎慢品

中国人的饮茶方式从食、喝、饮逐渐发展到品，但真正将饮茶作为一门生活艺术始于唐代。中唐时期，"茶圣"陆羽在其《茶经》中明确提出"茶之为用，味至寒，为饮，最宜精行俭德之人"，将品茶上升到道德修养的高度，并且对唐代的煮茶法进行了一系列的规范，形成一整套完整的茶艺程式。显然，在唐代饮茶已不仅是为了满足生理上的需求，而是从视觉的审美愉悦出发，将茶作为充满艺术韵味的审美对象。由此可见，自唐代开始饮茶已经成为富有诗情画意的生活艺术。

（二）饮茶方式的演变

我国饮茶方式主要经历了唐代煎茶、宋代点茶、明清清饮和当代饮法四个阶段。

1. 唐代煎茶

古代茶道历经从东晋到南北朝的饮茶文化积淀，大唐政治、经济、文化的相对高度发展与社会安定，为唐代茶道的形成奠定了丰厚的物质和文化基础。自唐开元年间起，唐人上至天子，下迄黎民百姓，几乎所有的人都不同程度地饮茶。这一时期建立起专门采造宫廷用茶的贡焙，皇族的饮茶方式引发王公贵族争相仿效，而且当时活跃于文坛的诗人、画家、书法家、音乐家中不乏嗜茶者，如白居易、颜真卿、柳宗元、刘禹锡、皮日休、陆龟蒙等。这些文人雅士不仅品茶评水，还吟茶诗、作茶画、著茶书，甚至参与培植名茶。他们以茶会友，辟茶室，办茶宴，成为唐代茶饮的一道独特、亮丽的风景线。

在饮茶方式上，唐代主要有煎茶、煮茶和淹茶三种方式。

（1）煎茶。唐中叶开始盛行煎茶，煎茶法是陆羽在《茶经》里所创造、记载的一种烹煎方法，主要有以下步骤：

1）备茶：陆羽在《茶经》里记载，唐代茶有粗茶、散茶、末茶、饼茶四种。煎茶法用的是饼茶。由于唐代茶叶品类的特点，仅备茶就包括炙茶、碾茶和罗茶三道工序。

2）备水：古人饮茶对水的选择较讲究。煎茶以山泉水为上，江中清流水为中，井水汲取多者为下。而山泉水又以乳泉漫流者为上，并将所取水用滤水囊过滤、澄清，去掉泥淀杂质，放在水方之中，置瓢、杓其上。

3）生火煮水：将事先备好的适于煎茶的木炭（或其他无异味的干枯树枝）用炭挝（小木槌）打碎，投入风炉之中，点燃煮水。

4）调盐：当水沸如鱼目，微微有声时，为初沸，此时从盛盐盒中取出少许食盐投入沸水之中，投盐之目的，在于调和茶味。

5）投茶：当釜边如涌泉连珠时，为二沸。此时要从釜中舀出水一瓢，以备三沸腾波鼓浪茶沫溢出之时救沸之用。与此同时，以竹夹绕沸水中心环绕搅动，以使沸水温度均衡，并及时将备好的茶沫按与水量相应的比例投入沸水之中。

6）育华：水三沸时，势若奔涛，釜中茶之浮沫溢出，要随时以备好之二沸水浇点茶汤，沸育华，保证水面上的茶之精华（也称为"茶花"）不被溅出，但应将浮在水面上的黑色沫子除去，以保持所煎茶汤之香醇。

当水再开时，茶之沫饽渐生于水面之上，如雪似花，茶香满室。三沸之后，不宜接着煮，因为水已煮老，不能再饮用，煮茶的水不能多加，否则味道就淡薄了。

7）分茶：茶中珍贵、新鲜、香味浓重的部分是釜中煮出的头三碗，最多分五碗。若有五位客人，可分三碗，七位客人时可酌分五碗，六人也按五碗计。在分茶时要注意，每碗沫饽要均匀，因为沫饽是茶之精华。

8）饮茶：一定趁茶汤刚烹好"珍鲜馥烈"时饮用。只有趁热才能品尝到茶之鲜醇而又十分浓烈的芳香，要将鲜白的茶沫、咸香的茶汤和嫩柔的茶饽一起喝下去，茶汤热时，重浊的物质凝结下沉，精华则浮于上表，如果茶汤冷了，精华就随热气散发掉了。没有喝完的茶，精华也会散发掉。

9）洁器：将用毕的茶器及时洗涤净洁，收储于特制的篮中，以备再用。

陆羽的煎茶法，虽然操作程序较繁复，但条理井然。在品茗时特别强调水品之选择和炙、煮茶时火候之掌握，说明水品与火候对引发茶之真香非常重要，而洁其器，才能毕其全功。

（2）煮茶。唐代的另一种饮茶法是唐以前就盛行的煮茶法，即把葱、姜、枣、橘皮、薄荷等与茶一起充分煮沸，以求汤滑，或煮去茶沫。陆羽认为，这种方法煮出的茶"斯沟渠间弃水耳，而习俗不已"。现代民间喜爱的打油茶、擂茶等则为原始煮茶的遗风。

（3）淹茶。淹茶就是将茶叶先碾碎，再煎熬、烤干、舂捣，然后放入瓶内或细口瓦器之中，灌上沸水浸泡后饮用。"淹"字原意是半卧半起的疾病，在此表示夹生茶的意思。在唐代，淹茶法不仅在民间流行，在宫廷中也用此法饮茶。唐代佚名的《宫乐图》（图1-10）就描绘了宫廷中使用淹茶法冲饮的画面。

2. 宋代点茶

继唐代的辉煌之后，中国经历了五代十国的纷争割据，尽管当时政局动荡，茶文化却未衰反盛，至宋代更为盛行。

（1）点茶。点茶是指将茶叶末放在茶碗里，注入少量沸水调成糊状，然后再注入沸水或直接向茶碗中注入沸水，同时用茶筅搅动，茶沫上浮，形成粥面。

点茶是一门艺术性与技巧性并举的技艺，这种技艺高超的点茶方式，也是宋代发达的茶文化集大成的体现。如果说唐代的煎茶重于技艺，那么宋代的点茶更重于意境。点茶茶具如图1-11所示。

图 1-10 唐代 佚名《宫乐图》

图 1-11 点茶茶具

（2）斗茶。斗茶可以自煎、自点、自品，也可以两人或两人以上斗茶。宋代饮茶之风盛行，行内调茶技术评比和茶质优劣的斗茶随之盛行，又名斗茗、茗战。我国斗茶始于唐，盛于宋。在以产贡茶闻名于世的唐代建州茶乡，新茶制成后，茶农们为了评比新茶品第会进行比赛活动。这种活动后来被广泛传播，时间也不再限于采制新茶时，参加者也不仅限于茶农，目的也不限于评比茶叶的品第，而是更重视评比斗茶者点汤、击拂技艺的高低。

（3）分茶。分茶是宋代流行的一种"茶道"，又称茶百戏、汤戏或茶戏。分茶是将茶沫放入茶盏，生入沸水，用茶筅击拂茶汤，使茶乳变幻成图形或字迹，茶汤在泛出汤花时，汤花转瞬即逝，要使汤花在这极短的时间内显现出奇幻莫测的物象，需要高超的技艺。

分茶是表现力丰富的古茶艺，也是观赏和品饮兼备的古茶艺，它将茶由单纯的饮品，上升到一定的艺术高度。

3. 明清清饮

明清时期，饮茶方式发生了具有划时代意义的变革，改为直接用沸水冲泡的清饮法，将品饮方式推向简单化。宋元时期"全民皆斗"的斗茶之风已衰退，盛行了几个世纪的唐煎、宋点的饮茶法变革成用沸水冲泡的清饮法。

清饮可省去炙茶、碾茶、罗茶三道工序，只要有干燥的茶叶即可。

清饮法只需懂得茶中趣理，具体程序不必如煎茶、点茶那样严格，给品饮者留下自我发挥的空间。明清以来，这种品饮方式广泛深入社会各个阶层，植根于广大平民百姓之中，成为整个社会的生活艺术。

4. 当代饮茶

随着沸水冲泡法在明清时期主导地位的确立，清饮成为我国大部分人的主要饮茶方式，同时调饮方式依然存在。随着科学技术的进步、生活节奏的加快，以及与世界其他国家交流的不断深入，当代又出现了一些新的饮茶方式，如袋泡茶、速溶茶、罐装茶饮料等。

当然，在人们的家庭生活中，细品热茶、把壶赏玩的传统饮茶方式仍不会消亡，在新兴的茶艺馆中还会得到继承和弘扬。

四、茶文化的传播

茶及由此衍生的茶文化源于中国，传播于世界。中国茶及茶文化的传播，经历了由原产地向全国范围扩展、逐步向外传播，并最终走向全世界的过程。

（一）茶的陆路传播

中国的茶业最初兴于巴蜀。秦汉时期，茶业重心逐渐由巴蜀传播至我国东部与南部，湖南出现产茶胜地"茶陵"。唐代，茶业重心开始东移，江南成为茶叶产制中心，茶叶的生产非常繁盛。而到了五代及宋代初期，茶业重心南移，福建建安茶被列为贡茶。到了宋代，茶已在我国各个地区传播开来。

随着国内饮茶风尚由南向北的普及，中国的茶文化也开始了向周边国家和地区传播的历程。茶是中外贸易中主要物品之一，也是最受欢迎的物品之一。隋唐时期，茶文化以茶马交易（茶马互市）的形式，沿着"丝绸之路"，经回纥及西域各国向西亚和阿拉伯等国家传播，通过陆路向西传到中亚、西亚和东亚等地区。

寻茶之旅

茶马交易

起源于我国唐宋时期的"茶马互市"，是边疆少数民族用马匹换取茶叶的贸易行为。在我国古代，内地民间的役使和军队征战需要优良的骡子、战马，而茶是边疆少数民族生活的必需品。于是，藏区、川滇边地的人们使用良马与内地的茶叶进行交易，由此产生了"茶马互市"。

（二）茶的海路传播

茶通过国家间的交流传播到世界各地。明代郑和七次下西洋，使茶传入非洲。1606年，荷兰东印度公司第一次将中国茶叶运至阿姆斯特丹，茶叶传至意大利、法国、德国和葡萄牙，继而传遍欧洲各国。1784年，美国帆船"中国皇后"号抵达广州港，开始了美国与中国正式的茶叶贸易。1812年，巴西引入中国茶叶。1824年，阿根廷购置中国茶籽回国种植。19世纪初，茶由传教士和商船带到了新西兰等地。

任务分工

以 4 ～ 6 人为一个小组，各小组选出组长并进行任务分工，然后将分工情况填入表中。

班级		组号		指导教师	
小组成员	姓名	学号		任务分工	
组长					
组员					

任务实施

按照工作计划开展活动，然后将具体的实施情况记录在表格中。

班级：	组号：	组长：
时间安排	实施步骤	
	（1）进行资料收集与汇总 茶文化的起源： 茶文化的演变过程：	
	（2）讨论并分析资料	
	（3）书写汇总报告，制作PPT	
	（4）过程中遇到的问题及解决办法 问题： 解决办法：	
	（5）在课堂上汇报成果，同时分享自己的心得体会	
	（6）其他同学提问	

 任务评价

各组成员结合课前、课中、课后的学习情况及任务完成情况，按照任务评价表中的评价标准进行自评、互评，请教师进行总体评价。

考核内容	评价标准	分值	评价得分		
			自评	互评	师评
知识、技能考核（70%）	能掌握茶文化的起源	10			
	能复述饮茶方式的演变过程	10			
	能阐述茶文化的传播过程	10			
	收集的资料真实、客观、全面	10			
	PPT制作内容准确、完整，富有创意	15			
	任务讲解标准、流利，讲述清楚、生动	15			
德育、素养考核（30%）	课前积极收集茶文化的相关资料，并主动预习和复习本任务的知识	5			
	分工合理，任务准备工作做得充分	5			
	认真思考提问，积极参与课堂互动活动，并踊跃发表自己的看法	5			
	具有良好的团队精神和团队协作能力	10			
	任务单填写完整，字迹工整	5			
总评	自评（20%）+互评（20%）+师评（60%）=		教师（签名）：		

工作任务三　饮茶与健康

 任务导入

刘夏在印象茶楼实习，一位走进茶楼的年轻女士向刘夏问道："我的朋友告诉我喝茶可以美容、减肥！你给我介绍介绍，我喝哪种茶既可以减肥又可以美容？"思考一下喝茶真的可以减肥吗？刘夏该如何解答。

 任务分析

茶叶营养知识介绍是茶艺师的基础工作之一，要了解不同茶叶的营养价值，懂得茶叶的药用价值，还要掌握科学饮茶的方法。

知识准备

一、茶的营养价值

经分析鉴定，茶叶内含化合物多达 500 种。这些化合物中有些是人体所必需的成分，称为营养成分，如维生素类、蛋白质、氨基酸、类脂类、糖类及矿物质元素等，它们对人体有较高的营养价值；还有一部分化合物是对人体有保健和药效作用的成分，称为有药用价值的成分，如茶多酚、咖啡因、脂多糖等。

（一）茶叶含有人体需要的多种维生素

茶叶中含有多种维生素。按照其溶解性可分为水溶性维生素和脂溶性维生素。其中，水溶性维生素（包括维生素 C 和 B 族维生素）可通过饮茶直接被人体吸收利用。因此，饮茶是补充水溶性维生素的好方法，经常饮茶可以补充人体对多种维生素的需要。

维生素 C 又名抗坏血酸，能提高人体抵抗力和免疫力。茶叶中维生素 C 的含量较高，一般每 100 克绿茶中含量高达 100～250 毫克，高级龙井茶含量在 360 毫克以上，比柠檬、柑橘等水果的维生素 C 含量还高。红茶、乌龙茶因加工中经发酵工序，维生素 C 受到氧化破坏，从而含量下降，每 100 克茶叶只剩几十毫克，尤其是红茶，含量更低。因此，绿茶档次越高，其营养价值也就越高。每日只要喝 10 克高档次绿茶，就能满足人体对维生素 C 的日需求量。

B 族维生素中的维生素 B_1 又称硫胺素，B_2 又称核黄素，B_3 又称泛酸，B_5 又称烟酸，B_{11} 又称叶酸。茶叶中的 B 族维生素含量也较高，经常饮茶，可以有效补充 B 族维生素，可以防治一些皮肤病、消化道疾病及神经体系统的症状。

由于脂溶性维生素难溶于水，故茶叶用沸水冲泡也难以被吸收利用。因此，现如今提倡适当"吃茶"来弥补这一缺陷，即将茶叶制成超微细粉，添加在各种食品中，如含茶豆腐、含茶面条、含茶糕点、含茶糖果、含茶冰淇淋等。吃了这些茶食品，则可获得茶叶中所含的脂溶性维生素营养成分，这样可以更好地发挥茶叶的营养价值。

（二）茶叶含有人体所需要的矿物质元素

茶叶中含有人体所需要的大量元素和微量元素。大量元素主要是磷、钙、钾、钠、镁、硫等；微量元素主要是铁、锰、锌、硒、铜、氟和碘等。茶叶中含锌量较高，尤其是绿茶，每克绿茶平均含锌量达 73 微克，高的可达到 252 微克，而每克红茶中平均含锌量也有 32 微克。茶叶中铁的平均含量，每克绿茶中含量为 123 微克，每克红茶中含量为 196 微克。这些元素对人体生理机能都有着重要作用。经常饮茶是获得这些矿物质元素的重要渠道之一。

（三）茶中含有人体需要的蛋白质和氨基酸

茶叶中能通过饮茶被直接吸收利用的水溶性蛋白质含量约为 2%，大部分蛋白质为非水溶性物质，存在于茶渣内。茶叶中的氨基酸种类丰富，多达 25 种以上，其中，异亮氨酸、亮氨酸、赖氨酸、苯丙氨酸、苏氨酸、缬氨酸是人体必需的氨基酸，还有婴儿生长发育所需的组氨酸。这些氨基酸在茶叶中含量虽不高，但可作为人体日需量不足的补充。

二、茶的药用价值

茶作药用在我国已有悠久的历史。东汉的《神农本草经》、唐代陈藏器的《本草拾遗》、明代顾元庆的《茶谱》等史书，均详细记载了茶叶的药用功效。《中国茶经》中记载茶叶的药理功效有 24 例；日本僧人荣西禅师在《吃茶养生记》中将茶叶列为保健饮料。现代科学大量研究证实，茶叶含有与人体健康密切相关的生化成分，茶叶不仅具有提神清心、清热解暑、消食化痰、去腻减肥、清心除烦、解毒醒酒、生津止渴、降火明目、止痢除湿等药理作用，还对现代疾病如辐射病、高脂血症、心脑血管病、癌症等疾病有一定的药理功效。可见，茶叶的功效之多、作用之广，是其他饮料无可代替的。正如宋代欧阳修《茶歌》赞颂的"论功可以疗百疾，轻身久服胜胡麻"。茶叶具有药理作用的主要成分是茶多酚、咖啡因、茶氨酸、茶多糖等。

（一）茶多酚的药理作用

1. 有助于延缓衰老

茶多酚具有很强的抗氧化性和生理活性，是人体自由基的清除剂。据有关部门研究证明，1 克茶多酚清除对人机体有害的过量自由基的效能相当于 9 微克超氧化物歧化酶（SOD），大大高于其他同类物质。茶多酚有阻断脂质过氧化反应、清除活性酶的作用。经日本奥田拓勇试验结果证实，茶多酚的抗衰老效果要比维生素 E 强 18 倍。

2. 有助于抑制心血管疾病

茶多酚对人体脂肪代谢有着重要作用。人体的胆固醇、三酸甘油酯等含量高，会在血管内壁沉积脂肪，血管平滑肌细胞增生后会造成动脉粥样硬化等心血管疾病。茶多酚，尤其是茶多酚中的儿茶素 ECG 和 EGC 及其氧化产物茶黄素等，有助于抑制这种斑状增生，使形成血凝黏度增强的纤维蛋白原降低，凝血变清，从而抑制动脉粥样硬化。

3. 有助于预防和抗癌

茶多酚可以阻断亚硝酸铵等多种致癌物质在体内合成，并具有直接杀伤癌细胞和提高机体免疫能力的功效。有关资料显示，茶叶中的茶多酚（主要是儿茶素类化合物），对胃癌、肠癌等多种癌症的预防和辅助治疗均有裨益。

4. 有助于预防和治疗辐射伤害

茶多酚及其氧化产物具有吸收放射性物质锶 90 和钴 60 毒害的能力。据有关医疗部门临床试验证实，对于肿瘤患者在放射治疗过程中引起的轻度放射病，用茶叶提取物进行治疗，有效率可达 90% 以上；对于血细胞减少症，茶叶提取物治疗的有效率达81.7%；对于因放射、辐射而引起的白细胞减少症，茶叶提取物的治疗效果更好。

5. 有助于抑制和抵抗病毒病菌

茶多酚有较强的收敛作用，对病原菌、病毒有明显的抑制和杀灭作用，对消炎止泻有明显效果。我国有不少医疗单位应用茶叶制剂治疗急性和慢性痢疾、阿米巴痢疾，治愈率达 90% 左右。

6. 有助于美容护肤

茶多酚是水溶性物质，用它洗脸能清除面部的油腻，收敛毛孔，具有消毒、灭菌、抗皮肤老化、减少日光中的紫外线辐射对皮肤的损伤等功效。

（二）咖啡因的药理作用

咖啡因是茶叶中的重要生物碱之一。咖啡因对中枢神经系统有兴奋作用，能解除酒精毒害、强心解痉、平喘、提高胃液分泌量、促进食欲、帮助消化，以及调节脂肪代谢。唐代《本草拾遗》中对茶的功效有"久食令人瘦"的记载。我国边疆少数民族有"不可一日无茶"之说，因为茶叶有助消化和降低脂肪的重要功效。这是由于茶叶中的咖啡因能提高胃液的分泌量，可以帮助消化，有增强分解脂肪的能力。茶叶中的咖啡因可刺激肾脏，促使尿液迅速排出体外，提高肾脏的滤出率，减少有害物质在肾脏中滞留的时间。茶叶中的咖啡因可排除尿液中的过量乳酸，有助于人体尽快消除疲劳。茶叶中的咖啡因还能促使人体中枢神经兴奋，增强大脑皮层的兴奋过程，起到提神、益思、清心的效果。

（三）茶氨酸的药理作用

茶氨酸是茶叶中一种特殊的在一般植物中罕见的氨基酸，它是茶树中含量最高的游离氨基酸，一般占茶叶干重的 1% ～ 2%。茶氨酸能引起脑内神经递质的变化，促进大脑的学习和记忆功能，并能对帕金森症、传导神经功能紊乱等疾病起到预防效果。氨基酸能抑制脑栓塞等大脑障碍引起的短暂脑缺血。因此，茶氨酸有可能用于脑栓塞、脑出血、脑卒中、脑缺血等疾病的防治。茶氨酸可以促进 α 脑波的产生，从而引起人的放松状态，同时还能使注意力集中。动物和人体试验均表明，茶氨酸可以作用于大脑，使大脑快速缓解各种精神压力，放松情绪，对容易不安、烦躁的人更有效。人们在饮茶时感到平静、心境舒畅，也是茶氨酸和咖啡因作用的效果。茶氨酸是谷氨酰胺的衍生物，两者结构相似，肿瘤细胞的谷氨酰胺代谢比正常细胞活跃许多，因此作为谷氨酰胺的竞争物，茶氨酸能通过干扰谷氨酰胺的代谢来抑制肿瘤细胞的生长。另外，茶氨酸可降低谷胱甘肽过氧化物酶的活性，从而使脂质过氧化的过程正常化。

（四）茶多糖的药理作用

茶多糖是茶叶中含有的与蛋白质结合在一起的酸性多糖或酸性糖蛋白。它是由糖类、蛋白质、果胶和灰分组成的一种类似灵芝多糖和人参多糖的高分子化合物，是一类相对分子量在 4 ～ 10 万 Da（道尔顿）的均一组分。现代科学研究证实，茶多糖具有降血糖和减慢心率的作用，能起到抗血凝、抗血栓、降血脂、降血压、降血糖的作用，改善造血功能，帮助肝脏再生，短期内增强机体非特异性免疫功能等功效，是一种很有前景的天然药物。茶多糖含量的高低也是茶叶保健功能强弱的理化指标之一。

三、科学饮茶的方法

茶叶的营养与保健功效虽然很多，但也不提倡喝得越多越好，要正确地发挥饮茶有益于健康的作用，还要求适时、适量、科学地饮茶，如果不讲究科学饮茶，一味地追求口福，也会给身体健康带来不利的影响。例如，由于茶的收入量过多导致失眠、贫血、缺钙等症状，因此科学饮茶是十分必要的。

（一）空腹不适合饮茶

空腹不适合饮茶，特别是发酵程度较低的茶，如绿茶、黄茶等。在空腹状态下饮茶会对人体产生不利影响，因为空腹时茶叶中的茶多酚等会在胃中与蛋白结合，对胃肠形成刺激。空腹时喝茶还会冲淡消化液，影响消化。同时，空腹时饮茶，茶里的一些物质容易过量吸取，如咖啡因和氟，咖啡因会使部分人群出现心慌、头晕、手脚无力、心神恍惚等症状，科学上称为"茶醉现象"。一旦发生"茶醉现象"，可以吃一块糖，或喝一杯糖水，或吃点甜食。患有胃溃疡、十二指肠溃疡的人更不宜清晨空腹饮绿茶，因为茶叶中的茶多酚会刺激胃肠黏膜，导致病情加重，还可能引起消化不良或便秘。

寻茶之旅

唐代茶宴中的茶点

饮茶佐以点心，在唐代就有记载。有史料记载，唐代茶宴中的茶点较为丰富。

九江茶饼：源于唐朝时期，为九江特产，苏轼有诗云："小饼如嚼月，中有酥和饴。"素有"香不见花、甜不顶口、皮薄馅酥"的美誉，是九江人民佐茶茶点的首选名品，朱镕基曾携该茶饼入京赠与亲友，亦为贡品。

粽子：作法与今相似，玄宗诗云："四时花竟巧，九子粽争新。"

馄饨：古时的馄饨即现在的饺子，或蒸或煮，味道极美。

饼类：皮薄，内有肉馅，煎制而成，外酥内嫩。

面点糕饼：种类繁多。

蒸笋：放在一个小瓦罐中，与饭同蒸。

胡食：如胡饼、搭纳、勒浆。

（二）饮茶要适量

饮茶有益于健康，但也应该适度。现代科学研究证明，每个饮茶者都具有不同的遗传基因，因而体质有较大差异。脾胃虚弱者，饮茶不利；脾胃强壮者，饮茶有利；饮食中多油脂类食物者，饮茶有利；饮食清淡者，要控制饮茶的量，一般来说每天饮茶不超过 30 克。此数据是根据氟元素的摄入量来计算的，氟是一种有益的微量元素，但摄入过多会损害身体健康。中国营养学会推荐成人每天应摄取氟 1.5 ～ 3.0 毫克。以茶叶实际氟含量最高值泡茶茶叶中氟的浸出率计算，每天可以饮茶 30 ～ 60 克，考虑到成人还会从其他食物和水中摄取一定量的氟，因此，每天喝茶 15 ～ 30 克便不会造成氟过量。

（三）饮茶与解酒

饮茶到底能不能解酒，一直有争论。一般认为，茶具有利尿功能，可以加快人体的水分代谢，饮茶之后小便增多，这样人体就可以通过排尿将血液中的酒精带出体外，以达到解酒的目的。通过饮茶解酒虽减轻了肝脏的负担，但如此一来却增加了肾脏的负担，长此以往会造成一些肾脏疾病。另外，过量饮酒者会因为饮酒而心跳加速。如果为了解酒饮用大量浓茶，增加了咖啡因的摄入，由于咖啡因也有兴奋神经的作用，会使人心跳过快，从而增加心脏功能负担，但是如果通过饮用淡茶来补充人体所需要的水分，增加人体内茶多酚浓度，解除酒精代谢过程中产生的过量自由基，也会有利于酒精代谢。科学试验表明：饮茶可以解酒，但要在饱腹的状况下才有效，空腹不仅无效，还会加剧酒精对人体的损害。

（四）饮茶的浓度有讲究

有许多嗜茶者喜欢饮用浓茶，但科学研究表明，浓茶不利于健康。大量饮用浓茶会使多种营养元素流失，因为过量饮茶会增加尿量，引起镁、钾、B族维生素等重要营养元素的流失；浓茶易引起贫血、骨质疏松，茶叶中的多酚物质易与铁离子络合，进而影响人体对铁的吸收，导致缺铁性贫血，因此饭后也不适合立即饮茶；茶叶中的咖啡因含量较高，过多地摄入会导致体内钙的流失，引起骨质疏松。因此，饮茶应以清淡为宜。习惯饮浓茶者，应减少饮用量。

（五）饮茶要适时

从科学饮茶的角度看，由于每个人的生活习惯不同，饮茶的时间并不需要固定，但还是需要讲究一定的时间。一般来说，饭前不适合饮茶，空腹不能饮茶，饭后不可以立即饮茶。一般饭后一个小时，人体对铁的吸收基本完成，因此饭后一小时饮茶为宜。此外，对咖啡因的兴奋作用特别敏感的人，在睡前也不要饮茶，否则咖啡因的兴奋作用会使人失眠，而对此不敏感的人则可不忌讳。吃药时，不可以用茶水送服，主要原因是茶水中的茶多酚会络合药物中的有效成分，进而引起药物失效。

（六）饮茶要结合身体状况

科学饮茶，应根据饮茶者的身体状况、生理时期来决定。一般来说，身体健康者可根据自己的嗜好饮用各式各样的茶叶，而对于身体健康状况不太好，或处于特殊时期的人来说，对茶类的选择是有讲究的。

处于"三期"（月经期、妊娠期、产褥期）的妇女最好少饮茶，或饮脱咖啡因茶，因茶叶中含有茶多酚，它对铁离子产生络合作用，使铁离子失去活性；饮浓茶易引起贫血症，茶叶中的咖啡因对神经和心血管有一定的刺激作用；饮浓茶对身体本身的恢复、对婴儿的生长都会带来一些不良的影响。

对于心动过速的冠心病患者来说，宜少饮茶，或饮淡茶，或饮脱咖啡因茶，因为茶叶中的生物碱，尤其是咖啡因和茶碱都有兴奋作用，能增强心肌的机能，多喝茶或喝浓茶会使人心跳过快。有心房纤颤的冠心病患者也不宜多喝茶、喝浓茶，否则会促使发病或加重病情。对于心动过缓或窦房传导阻滞的冠心病者来说，其心率通常在每分钟

60 次以内，可适当多喝些茶，甚至喝一些偏浓的茶，不但没有伤害，而且还可以提高心率，有配合药物治疗的作用。

对于神经衰弱的患者来说，一要做到不饮浓茶，二要做到不在临睡前饮茶。因为神经衰弱的人，主要症状是晚上失眠，而茶叶中咖啡因的最明显作用是兴奋中枢神经，使精神处于兴奋状态，所以喝浓茶和临睡前喝茶，对神经衰弱患者来说无疑是雪上加霜。神经衰弱患者由于晚上睡不着觉，白天往往精神不振，喝点茶水，吃点含茶食品，既可以补充营养，又可以帮助振奋精神，饮脱咖啡因茶是不影响睡眠的。

中医认为人的体质有湿热虚寒之别，而茶叶也有凉性和温性之分。一般认为，绿茶属于凉性，红茶、黑茶属于温性，青茶（乌龙茶）茶性多较平和，黄茶、白茶与绿茶相似，也属凉性。湿热体质的人应喝凉性茶，如绿茶；虚寒体质者应喝温性茶，如红茶；对于脾胃虚寒者来说，绿茶是不适宜的，因为绿茶性偏寒，应该喝温性的红茶、普洱茶为好。

对于有肥胖症的人来说，各种茶都是很好的，因为茶叶中的咖啡因、黄烷醇类、维生素类等化合物能促使脂肪氧化，除去人体内多余的脂肪，但不同的茶所起的作用有所区别。根据实践经验，乌龙茶、沱茶、普洱茶、砖茶等紧压茶更有利于降脂减肥。据国外医学界一些研究资料显示，云南普洱茶和沱茶具有减肥健美功能和防治心血管疾病的作用；临床试验表明，长期饮用沱茶，对于年龄在 40 ～ 50 岁的人来说，有明显减轻体重的效果，对其他年龄段的人有不同程度的效用，而乌龙茶有明显分解脂肪的作用，常饮能帮助消化，有助于减肥健美。

任务分工

以 4 ～ 6 人为一个小组，各小组选出组长并进行任务分工，然后将分工情况填入表中。

班级		组号		指导教师	
小组成员	姓名	学号		任务分工	
组长					
组员					

任务实施

按照工作计划开展活动，然后将具体的实施情况记录在表格中。

班级：		组号：		组长：
时间安排		**实施步骤**		
	（1）进行资料收集与汇总 茶的营养价值： 科学饮茶：			
	（2）讨论并分析资料			
	（3）书写汇总报告，制作PPT			
	（4）过程中遇到的问题及解决办法 问题： 解决办法：			
	（5）在课堂上汇报成果，同时分享自己的心得体会			
	（6）其他同学提问			

任务评价

各组成员结合课前、课中、课后的学习情况及任务完成情况，按照任务评价表中的评价标准进行自评、互评，请教师进行总体评价。

考核内容	评价标准	分值	评价得分		
			自评	互评	师评
知识、技能考核（70%）	能掌握茶的营养价值	10			
	了解科学饮茶的方法	10			
	茶多酚的药用作用	10			
	收集的资料真实、客观、全面	10			
	PPT制作内容准确、完整、富有创意	15			
	任务讲解标准、流利，讲述清楚、生动	15			

续表

考核内容	评价标准	分值	评价得分		
			自评	互评	师评
德育、素养考核（30%）	课前积极收集茶的营养价值和药用价值的相关资料，并主动预习和复习本任务的知识	5			
	分工合理，任务准备工作做得充分	5			
	认真思考提问，积极参与课堂互动活动，并踊跃发表自己的看法	5			
	具有良好的团队精神和团队协作能力	10			
	任务单填写完整，字迹工整	5			
总评	自评（20%）+ 互评（20%）+ 师评（60%）=	教师（签名）：			

项目自测

一、单项选择题

1. 世界上第一部茶书的作者是（　　）。

　　A. 熊蕃　　　　　B. 陆羽　　　　　　　C. 张又新　　　　　　D. 温庭筠

2. 唐代饼茶的制作需经过的工序为（　　）。

　　A. 煮、煎、滤　　　　　　　　B. 炙、碾、罗

　　C. 蒸、舂、煮　　　　　　　　D. 烤、烫、切

3. 茶叶中的（　　）是著名的抗氧化剂，具有防衰老的作用。

　　A. 维生素 A　　　　　　　　　B. 维生素 C

　　C. 维生素 E　　　　　　　　　D. 维生素 D

二、判断题

1. （　　）最早记载茶为药用的书籍是《神农本草经》。

2. （　　）茶多酚具有降血脂、杀菌消炎、抗氧化、抗衰老、抗辐射、抗突变等药理作用。

三、简答题

1. 我国茶文化发展经历了哪些阶段？

2. 通过学习请你谈谈如何科学饮茶。

项目二　茶艺服务礼仪

项目引言

　　茶艺服务接待工作是茶艺服务的中心环节。要一丝不苟，做好每一个服务接待事项，使每一个环节都符合礼仪的要求。接待得体，服务周到，给客人留下好的印象，能够提高顾客满意度；展示茶艺师的文明程度、精神面貌，树立茶艺师良好的服务接待形象，提高茶艺师在行业中的竞争力。

学习目标

知识目标
1. 了解茶艺师的形象礼仪；
2. 了解茶艺师的服务礼仪；
3. 了解不同民族宾客的服务接待。

能力目标
1. 能够按照茶艺服务要求进行形象设计；
2. 能够按照茶艺服务礼仪要求规范站姿、坐姿、走姿等；
3. 能够根据不同地区的宾客特点进行礼仪接待。

素养目标
1. 培养学生用茶文化的思想去影响和熏陶自己的行为和生活方式，实现自我价值的提高和人格的丰盈；
2. 引导学生学习做人做事的基本道理，培养学生的职业道德、工作责任心和综合素质。

☑ 任务清单

学习任务清单		
完成一项学习任务后，请在对应的方框中打钩		
课前预习	☐	准备学习用品，预习课本知识
	☐	通过网络收集有关茶艺师形象礼仪和服务礼仪的资料
	☐	形成对茶艺师服务礼仪的初步了解，并与课本知识相互印证
课堂学习	☐	掌握茶艺师形象礼仪标准
	☐	了解茶艺师服务礼仪标准
	☐	掌握茶艺师的职业道德基本知识
	☐	了解不同民族宾客服务接待方法
课后实践	☐	积极、认真地参与实训活动
	☐	在实训中，与同学协调配合，提高人际交往能力和解决问题的能力
	☐	提高茶艺素养，传承与弘扬中华茶文化
学习任务标准		
完成一项学习任务后，请在对应的方框中打钩		
1+X 茶艺师国家职业技能等级标准	☐	茶艺师容貌修饰、手部护理基本知识
	☐	茶艺服务形体礼仪基本知识
	☐	交谈礼仪规范及沟通艺术
	☐	职业道德基本知识
中国茶艺水平评价规程	☐	个人礼仪基础知识
	☐	茶艺的基础知识
	☐	交谈礼仪规范

工作任务一　形象礼仪

◎ 任务导入

　　据说，乾隆皇帝微服南巡时，到一家茶楼喝茶。当地的知府知道后，害怕皇帝发生意外，于是乔装打扮到茶楼护驾。到了茶楼，知府在乾隆皇帝对面的座位上坐了下来，虽然彼此都心知肚明，但表面上却像主客那样寒暄了起来，免得暴露了皇帝的身份。皇帝是主，按照礼数，需要提起茶壶给客人倒茶。身为客人的知府，又不好下跪谢恩，于是，这位知府灵机一动，弯起食指、中指和无名指，在桌子上轻叩三下，权且代表了向皇帝行的大礼。于是，叩指礼这一习俗就这么流传了下来。

你了解茶艺师礼仪吗？茶艺师礼仪都有哪些？请你为大家展示一下！

任务分析

通过资料收集，了解茶艺师礼仪要求有哪些，茶艺师的形象礼仪包含哪些，按照标准学习茶艺师形象礼仪并为大家展示出来。

知识准备

行茶礼仪

一、仪容礼仪

（一）得体的着装

得体的着装不仅可以体现出一个人良好的文化素养和高尚的审美情趣，还以无声的语言显示着一个人的身份、职业、性格等。作为茶艺师，穿着要规范得体，以显示自身的专业程度。

总体来说，茶艺师的服装颜色、样式与茶室、茶具等应协调一致。茶艺师的服装颜色不宜太鲜艳，因为品茗需要安静、舒雅的环境，以及平和的心态。如果茶艺师的衣服过于鲜艳，会破坏和谐、优雅的气氛，使人有躁动不安的感觉。服装的款式应以中式为主，袖口不宜过宽、过长，否则会很容易蘸上茶水，给人不专业和不卫生的感觉。

（二）整齐的发型

为了方便茶艺操作，茶艺师的头发应梳理整齐（图2-1），避免在操作时头发散落下来，挡住视线，影响操作。尤其要避免头发散落到茶具或操作台上。

（三）优美的手型

在泡茶时，宾客观看泡茶的全过程，其注意力会停留在茶艺师的双手上，因此，茶艺师的手部清洁和保养非常重要。

在日常生活中，茶艺师要勤洗手，以保持双手清洁、卫生。洗手后，应及时涂抹护手霜，以使手部肌肤保持润泽。

在茶艺服务中，茶艺师手上不可使用化妆品。一是化妆品有油脂，可能会影响操作；二是化妆品的香味可能会影响宾客对茶的品评。另外，手上尽量不要佩戴样式烦琐或颜色艳丽的饰品。太烦琐的饰品容易碰到茶具，太鲜艳的饰品则会产生喧宾夺主的感觉。如果有条件，女性茶艺师可佩戴一个玉手镯，能平添不少风韵。手指甲要及时修剪，不留长指甲，不涂抹有颜色的指甲油（图2-2）。

图 2-1　茶艺师发型

图 2-2　优美的手型

茶人茶语

洗手的基本步骤如下：

（1）双手相对搓动；

（2）双手指缝交叉搓洗；

（3）握洗拇指；

（4）搓洗手背；

（5）五指并拢在另一只手手心中搓洗指甲缝。

需要注意的是，用肥皂或洗手液洗手时，必须彻底冲洗干净，手上不能留有香气，否则会污染茶具和茶叶。

（四）干净的面部

在茶艺服务过程中，虽然宾客的注意力大多数时间集中在茶艺师的双手上，但干净的面部也是非常重要的。

在日常生活中，茶艺师应做到早晚清洁面部各一次。洗脸水的温度以 40 ℃左右为宜。洗脸时，应选用符合自身肤质的洗面奶，涂在掌心用水揉开，然后均匀地抹在脸部、耳朵、脖颈，从下往上、从内向外打圈揉搓并反复多次，再用清水洗去泡沫。清洁面部时，还应注意清理鼻腔并保持鼻部无黑头。

在茶艺服务中，男性茶艺师将面部洗干净，不留胡须即可。女性茶艺师可化淡妆，但不要浓妆艳抹，也不要使用味道浓烈的香水。

二、仪态礼仪

（一）正确的站姿

优美的站姿是茶艺师展现自身素质的起点和基础。女性茶艺师站立时，双腿并拢，直立站好，左脚位于右脚前，两脚尖呈 45°～ 60°，左脚脚跟靠在右脚足弓处。身体重心线应在两脚中间向上穿过脊柱及头部，挺胸、收腹，双肩自然放平，双手自然交叉于腹部前方，双眼平视前方，面带笑容（图 2-3）。男性茶艺师站立时，双腿自然分开，双脚岔开的宽度略窄于双肩，双手可交叉放在背后。

（二）端庄的坐姿

茶艺师为宾客泡茶时，基本上以坐着为主。端庄的坐姿会给人以文雅、稳重、大方、自然和亲切的美感。

坐姿的基本要求：挺胸、收腹、头正、肩平。进行茶艺操作时，肩部不能因泡茶操作而倾斜。双手不进行茶艺操作时，自然平放在操作台上。茶艺师为宾客泡茶时，常见的坐姿有以下几种。

1. 正式坐姿

茶艺师入座时，动作要轻缓。走到座位前面转身站定，右脚后退半步，左脚跟上，然后稳稳地坐下。

图 2-3　女性茶艺服务人员站姿

穿长裙的女性茶艺师入座时，要用手把裙子向前拢一下，然后坐在椅子的一半处或 2/3 处。坐下后，上身正直，小腿与地面保持垂直，双脚并拢，或者左脚在前、右脚在后呈一条直线。

2. 侧点坐姿

如果操作台的立面有面板或有悬挂的装饰物，无法采用正式坐姿时，则可采用侧点坐姿。侧点坐姿分为左侧点坐姿和右侧点坐姿。

采用左侧点坐姿时，双膝并拢，两小腿向左伸出，左脚跟靠于右脚内侧中间部位，左脚脚掌内侧着地，右脚跟提起，脚掌着地。右侧点坐姿与左侧点坐姿相反（图 2-4）。

（三）得体的走姿

如果站姿和坐姿营造了静态美，那么走姿就是要呈现动态美。茶艺师在工作中要时常行走，因此，得体、优美的走姿也十分重要。走姿的基本要求：上身正直，目光平视，肩部放松，双臂自然前后摆动，手指自然弯曲。行走时，身体重心稍向前倾（图 2-5）。此外，步速和步幅也是行走姿态的重要方面，茶艺师在行走时要注意步速，不要过急，步幅也应适中，给人以行云流水般的美感。

图 2-4　右侧点坐姿

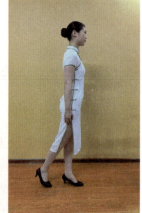

图 2-5　得体的走姿

在茶艺服务中，茶艺师常用到的走姿有以下几种。

1. 前行步

茶艺师向前行走时，要保持身体直立挺拔。行走过程中，如遇客人或同事需要问候时，头和上身向左转或向右转，同时微笑点头致意。

2. 后退步

当客人点单结束后或给客人奉茶后，应先向后退两三步，再转身离开。退步时脚轻擦地面，步幅要小。转身时，先转腰身，再转头。在茶艺表演结束时，或者离开表演台时，都应先后退两三步为宜。

3. 侧行步

引领客人时，茶艺师要走在客人的左前方，身体髋部朝着前行的方向，上身稍向右转，左肩稍前，右肩稍后，侧身向着客人，保持两三步的距离。如果在较窄的通道或楼道遇到相对而行的人，也需采用侧行步。

4. 前行转身步

前行转身步可分为前行左转身步和前行右转身步两种。

（1）前行左转身步：当身体向左转时，要在右脚迈步落地时，以右脚掌为轴心，向左转体90°，同时迈左脚。

（2）前行右转身步：与前行左转身步相反，在行进中要向右转体时，应在左脚迈步落地时，以左脚掌为轴心，向右转体90°，同时迈右脚。

5. 后退转身步

后退转身步分为后退左转身步、后退右转身步和后退后转身步三种。

（1）后退左转身步：当后退向左转身走时，如先退左脚，要在后退两步或四步时，以右脚为轴心向左转体90°，同时向左迈左脚。

（2）后退右转身步：当后退向右转身走时，如先退左脚，要在后退一步或三步时，以左脚为轴心向右转身90°，同时向右迈右脚。

（3）后退后转身步：要向后转身时，如先退左脚，要在后退一步或三步时，赶在左脚后退时，以左脚为轴心向右转体180°，再迈右脚；如向左转体，要赶在右脚后退时，向左转体180°。

需要注意的是，多人行走时，不要横成一排，也不要故意排成队形；与客人同行时，应让客人先行（迎宾服务人员除外）；通过狭窄的通道时，应让客人先行通过。

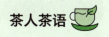 茶人茶语

幽居初夏

宋　陆游

湖山胜处放翁家，槐柳阴中野径斜。

水满有时观下鹭，草深无处不鸣蛙。

箨（tuò）龙已过头番笋，木笔犹开第一花。

叹息老来交旧尽，睡来谁共午瓯茶。

（四）合适的蹲姿

拿取低处的物品或捡起掉落在地上的物品时，需要用合适的蹲姿。下蹲的基本要求：站在要拿或要捡的物品旁边，一只脚后撤半步，屈膝下蹲，下蹲时不要低头，也不要弯背，然后去取低处的物品或捡起地上的物品。常用的蹲姿分为交叉式蹲姿和高低式蹲姿两种。

1. 交叉式蹲姿

下蹲时，左脚在前，全脚着地，右脚在后，脚掌着地，脚跟提起；屈膝下蹲后，左小腿垂直于地面，右膝由左膝下方伸向左侧。两腿前后紧靠，合力支撑身体（图2-6）。

2. 高低式蹲姿

下蹲时，左脚在前，右脚稍后，两脚靠紧向下蹲，左脚全脚着地，小腿垂直地面，右脚脚跟提起，脚掌着地。右膝低于左膝，右膝内侧靠于左小腿内侧，形成左膝高、右膝低的姿态（图2-7）。

女性茶艺师下蹲时可采用交叉式蹲姿和高低式蹲姿两种；男性茶艺师下蹲时可采用高低式蹲姿，两腿之间可保留适当的距离。

图2-6　交叉式蹲姿　　图2-7　高低式蹲姿

三、行茶礼仪

（一）鞠躬礼

鞠躬礼是茶艺表演中常见的一种礼仪。茶艺表演开始和结束时，主客均要行鞠躬礼（图2-8）。鞠躬礼有站式、坐式和跪式三种。每种鞠躬礼根据鞠躬的弯腰程度不同，可分为真、行、草三种。其中，真礼用在主客之间，行礼用在宾客之间，草礼用在说话前后。

1. 站式鞠躬礼

以站姿为准备，双手紧贴大腿下滑至

图2-8　鞠躬礼

膝盖，同时弯腰，头、背与腿呈近90°的弓形，略做停顿后慢慢起身，恢复站姿，此礼为真礼。行礼与真礼相似，但是鞠躬时，头、背与腿呈120°的弓形。行草礼时，只需将身体向前稍微倾斜，鞠躬时，头、背与腿呈150°的弓形。

2. 坐式鞠躬礼

在主人站立、客人坐着的情况下，需要行坐式鞠躬礼。真礼需要将手放在膝盖上，上身前倾，稍做停顿后慢慢起身。行礼需将手放在大腿中部，其他同真礼。行草礼时，只需将两手搭在大腿根，略欠身即可。

3. 跪式鞠躬礼

行真礼时，背部挺直、上半身前倾，双手从膝上渐渐滑下，全手掌着地，两手指尖斜相对，身体前倾至胸部与膝间只剩一个拳头的空隙，身体前倾45°，稍做停顿，慢慢直起上身。行礼与真礼相似，但是两手仅前半掌着地，身体前倾55°。行草礼时，仅两手手指着地，身体前倾65°。

（二）伸掌礼

茶艺师向宾客敬奉各种物品时都简用此礼，意思是"请"和"谢谢"。伸掌礼姿势为五指并拢，手掌略向内凹，倾斜手掌伸于敬奉的物品旁（图2-9），同时欠身点头，动作要一气呵成。

（三）叩指礼

叩指礼也称叩手礼，通常在主人向客人敬茶后，客人用手指轻敲茶桌行此礼，表达对敬茶人的谢意。叩指礼可分三种不同的形式（图2-10）。

用五个手指并拳，拳心向下，五个手指同时敲击桌面。这是叩指礼中最重的礼，相当于五体投地跪拜礼，一般是晚辈向长辈、下级向上级行的礼。

用食指和中指并拢，同时敲击桌面，相当于双手抱拳作揖，是平辈之间行的礼。

图 2-9　伸掌礼

晚辈向长辈行礼
- 五指并拢成拳，拳心向下
- 五个手指同时敲击桌面，一般敲三下

平辈之间行礼
食指中指并拢，敲击桌面三下

长辈向晚辈行礼
食指或中指敲击桌面，一般敲三下

图 2-10　叩指礼

（四）寓意礼

茶艺自产生以来，就形成了很多带有寓意的礼节。例如，冲泡时的"凤凰三点头"，即手提水壶高冲低斟反复三次，寓意向客人三鞠躬以示欢迎；放置茶壶时，壶嘴不能正对客人，正对表示请客人离开；回转斟水、斟茶、烫等动作，右手必须逆时针方向回转，左手则必须以顺时针方向回转，表示向客人招手，以示欢迎，等等。

对于茶艺师来说，为宾客泡茶过程中的一举一动都显得非常重要。开始练习时，要一个动作、一个动作背下来，力求准确。随着动作的娴熟，要将各种动作组合的韵律感表现出来，并将其融入与宾客的交流中。

任务分工

以4～6人为一个小组，各小组选出组长并进行任务分工，然后将分工情况填入表中。

班级		组号		指导教师	
小组成员	**姓名**	**学号**	**任务分工**		
组长					
组员					

任务实施

按照工作计划开展活动，然后将具体的实施情况记录在表格中。

班级：	组号：	组长：
时间安排	**实施步骤**	
	（1）进行资料收集与汇总 茶艺整体形象要求： 茶艺师行茶礼节有： 茶艺师仪态要求标准：	
	（2）讨论并分析资料	
	（3）总结茶艺师礼仪要求，并练习礼仪标准	
	（4）过程中遇到的问题及解决办法 问题： 解决办法：	
	（5）在课堂上汇报成果，小组展示茶礼，同时分享自己的心得体会	
	（6）其他同学提问	

任务评价

各组成员结合课前、课中、课后的学习情况及任务完成情况，按照任务评价表中的评价标准进行自评、互评，请教师进行总体评价。

考核内容	评价标准	分值	评价得分		
			自评	互评	师评
知识、技能考核（70%）	能够掌握茶艺师仪容标准	10			
	能够展示茶艺师仪态要求	10			
	能进行茶礼展示	10			
	收集的资料真实、客观、全面	15			
	小组展示内容准确、完整，符合标准	25			
德育、素养考核（30%）	课前积极收集茶艺师形象礼仪的相关资料，并主动预习和复习本任务的知识	5			
	分工合理，任务准备工作做得充分	5			
	认真思考提问，积极参与课堂互动活动，并踊跃发表自己的看法	5			
	具有良好的团队精神和团队协作能力	10			
	任务单填写完整，字迹工整	5			
总评	自评（20%）+互评（20%）+师评（60%）=	教师（签名）：			

工作任务二　服务礼仪

任务导入

礼仪是以客人之礼相待，表示敬意、友好和善意的各种礼节、礼貌和仪式。而行茶服务礼仪是在茶艺服务工作中形成的，并得到共同认可的一种礼节、礼貌和仪式。行茶服务礼仪不主张采用太夸张的动作及客套语言，而多采用含蓄、温和、谦逊、诚挚的礼仪动作，尽量用微笑、眼神、手势、姿势等传情达意。那么作为茶艺师，在茶艺服务的过程中需要展示出哪些礼仪呢？你知道吗？

任务分析

通过资料收集，了解茶艺师服务礼仪，服务礼仪的标准，按照标准学习服务礼仪，并思考茶艺师使用茶礼的意义。

知识准备

一、茶艺服务礼仪

在提供茶艺服务时，茶艺师对宾客要有礼貌、礼节。

（一）体现在语言上的礼节

1. 称呼礼节

在茶艺服务中，茶艺师与宾客进行沟通时，应使用合适、恰当的称呼。一般情况下，茶艺师可称呼男性宾客为"先生"，称呼女性宾客为"小姐"或"女士"。另外，茶艺师在称呼宾客时，要注意某些国家或民族的禁忌，以免造成不必要的误会。

2. 应答礼节

应答礼节是指茶艺师在回答宾客问题时的礼节。茶艺师在回答宾客问题时，首先要真正明白问题后再作适当的回答，千万不可不懂装懂、答非所问。对于不了解或回答不清楚的问题，可以先向宾客道歉，然后寻求其他工作人员的帮助，待确定答案后再回复宾客。在回答宾客问题的过程中，茶艺师要停下手中的工作，认真倾听，回答时语气婉转、口齿清晰、语调柔和、音量适中。另外，在回答宾客问题时，也不可顾此失彼，只顾及一位宾客而冷落了其他宾客。

（二）体现在行为上的礼节

1. 迎送礼节

迎送礼节是指茶艺师在迎接和送别宾客时的礼节。当宾客到来时，茶艺师要笑脸相迎、热情指引。当宾客离店时，也要热情相送。

2. 操作礼节

操作礼节是指茶艺师在工作场合中的礼节。茶艺师在服务中要做到"三轻"，即说话轻、走路轻、操作轻。茶艺师在工作场合要保持安静，不能大声喧哗，更不能嬉笑玩乐。给宾客递送物品时，要使用托盘。若不小心打坏器具，要及时表示歉意并马上清扫、更换。另外，茶艺师在工作中禁止作出抓耳挠腮、剔牙擤鼻等行为。

二、服务礼仪规范

茶客登门，要主动、热情地接待。迎宾服务人员主要是迎接客人入门，其工作质量、效果将直接影响到茶艺馆的营运状态。而送宾礼仪是整体服务过程中的最终环节，是保证服务质量善始善终，赢得更多"座上客"不可忽视的重要环节。因此，对茶艺师迎宾、送宾礼仪方面的技能培训至关重要（表 2-1）。

表 2-1　服务礼仪规范

项目	操作标准	
迎宾服务	1. 微笑迎客，使用礼貌用语，迎宾入门； 2. 询问用茶人数及预订情况，将客人引领到正确的位置； 3. 如客人随身携带较多物品或行走困难，应征询宾客同意后给予帮助； 4. 如遇雨天，要主动为客人套上伞套或寄存雨伞； 5. 若座位客满，向客人做好解释工作，有位置时立即安排； 6. 耐心解答客人有关茶品、茶点、茶肴及服务、设施等方面的询问； 7. 婉言谢绝衣冠不整者入内	
送客服务	1. 当宾客准备离去时，轻轻拉开椅子，提醒其带好随身物品； 2. 送客要送到厅堂口，让宾客走在前面，自己走在宾客后面（约 1 米距离）护送客人； 3. 当客人离店时，应主动拉门道别，真诚、礼貌地感谢客人，并欢迎其再次光临	
茶馆饮茶服务	茶钱准备	1. 保持茶艺馆厅堂整洁、环境舒适、桌椅整齐。做到地面无垃圾，桌面无油腻，门窗无积灰，洗手间无异味、无污垢； 2. 由厅堂领班检查茶艺师的仪表及各类物品准备是否充分、器皿是否洁净、供应品种及开水是否准备妥当
	茶中服务	1. 站立迎接，引客入座。首先安排年老体弱者在进出较为方便处就座。如在正式场合，在了解客人身份后，应将主宾安排在主人左侧； 2. 当客人即将入座前，主动为其拉开椅子，送上湿巾、茶单，并介绍供应茶品，也可将茶叶样品拿来展示，让客人挑选； 3. 及时按顺序上茶。上茶时左手托盘，端平拿稳，右手在前护盘，脚步小而稳，走到客人座位右侧，侧身右脚前伸一步，左手臂展开使茶托盘的位置在客人的身后，右手端杯子中部，盖碗杯端杯托，从主宾开始，按顺时针方向将茶杯轻轻放在客人的正前方，并报上各自茶名（上茶前，绿茶应事先浸润，花茶、红茶可事先泡好，乌龙茶可到台面上当场冲泡），然后请其先闻茶香，闻香完毕，茶艺师选择一个合适的固定位置，用水壶将每杯冲至七分满，并说："请用茶。"； 4. 在客人用茶过程中，当杯中水量为 1/2 时，应及时添水；如果客人面前有热水瓶或电热煮水器，应随时保持这些器皿中有充足的开水； 5. 如需要上茶食、茶点，应事先上筷子、牙签、调料等物品；上茶食时，应从冲茶水的固定位置上，轻轻落盆（盘），并介绍菜肴名称、特点；每上一道茶食，要进行桌面调整，切忌叠盘；如果客人点有果壳的食品，应及时送上果壳篮或果壳盆；桌面上有水迹或杂物时，应及时拭干和清理，以保持桌面的清洁
	茶后工作	主动送客，收拾茶具，清洁桌面、椅凳并按原位置摆放整齐，保持茶楼营业场所及桌面的整洁，以便接待下一批客人
独立茶室饮茶服务	1. 按茶单的茶叶品种准备好各种茶叶； 2. 准备好泡茶用水； 3. 准备干净、整洁的各类茶； 4. 客人入座后按茶单点茶； 5. 客人点不同的茶，茶艺师要用不同的茶具及不同的冲泡方法泡茶并进行讲解	

茶艺项目化教程（第2版）

续表

项目		操作标准
会议饮茶服务	小型会议饮茶服务	1. 服务员为客人沏茶之前，首先要洗手，并洗净茶杯，杯内不得存有茶垢； 2. 要特别注意茶杯有无破损或裂纹，破的茶杯要更换； 3. 如果用茶水和茶点一同招待客人，应先上茶点，茶点盘应事先摆放好； 4. 不能用旧茶或剩茶待客，必须沏新茶； 5. 茶水不要沏得太浓或太淡，每杯茶斟七成满即可； 6. 上茶时把茶杯放在杯托上，待客人坐定后，一同敬给客人，把杯放在客人的右侧，如果客人饮用红茶，可准备好方糖，请客人自取； 7. 上茶时，应注意站在客人右侧；先给主宾上，再依次给其他客人上
	大、中型会议饮茶服务	1. 客人入座后，由服务员为客人倒水沏茶； 2. 倒水时服务员应站在客人的右侧，左手拿壶，右手拿杯； 3. 圆桌会议，服务员要从主位开始按顺时针的顺序倒水，而长桌会议服务员就要按从里向外的顺序倒水； 4. 在开会的过程中，服务员要注意观察，适时送水
	茶话会饮茶服务	1. 服务员根据茶话会的人数备齐茶杯、茶垫和茶壶，如一桌10人，茶壶应有2把，茶壶下面要放垫碟； 2. 将保温瓶装满开水。茶话会前5分钟在茶杯内放入茶叶，加上少许开水，把茶叶闷上，待客人到达后为客人加水； 3. 斟茶时要站在客人右侧，不要将茶水滴在餐台或客人身上，并告诉客人茶叶的名称； 4. 在茶话会的整个过程中，要随时注意为客人续斟茶水，当发现壶内茶水过淡时要马上更换，重新泡茶
餐厅饮茶服务	早餐开茶服务	1. 开餐前准备好各种茶叶； 2. 根据客人对茶叶的喜好，介绍适宜的品种； 3. 为客人沏茶时，要注意卫生操作的要求，不允许用手抓茶叶，应用茶勺去取，并注意用量准确； 4. 沏好茶后，应逐一从客人的右侧斟倒； 5. 斟茶时，右手执壶，左手托壶下的垫盘，茶水不宜斟得过满，以八分满为准； 6. 斟完第一杯茶后，把壶放在餐台上，茶壶嘴不要朝向客人，客人人数超过6位时，应上2把茶壶； 7. 随时注意加满茶壶中的开水，并掌握茶水的浓淡
	午餐、晚餐饮茶服务	1. 服务员将茶沏好后，将茶杯放在茶碟里，斟至八成满，放在托盘中，从客人的右侧——送上； 2. 在有些高档次的餐厅里，上茶服务非常讲究，有专门负责茶水服务的茶博士。客人入座后，茶博士将装有各种茶叶的手推车推至餐桌旁，向其介绍各种茶叶的名称，请客人点茶； 3. 客人点茶后，茶博士将茶叶放入盖碗中，当着客人的面用一把长嘴大铜壶将茶沏上后端送给客人

三、茶艺师的职业道德

职业道德是一种与特定职业相适应的职业行为规范。任何个人在职业活动中都要遵守一定的行为规范，这是职业道德准则在职业生活中的具体体现。茶艺师的职业道德是一种与这种特定职业相适应的职业行为规范。茶艺师的职业道德可归纳为以下几个方面的内容。

1. 爱岗敬业，忠于职守

爱岗敬业即"干一行爱一行"，进而"干好一行"。这绝非一句口号，而是有着实实在在内容的行为规范，特别是对茶艺师，它体现在茶艺活动整体服务过程中的方方面面，它是以服务活动本身来满足顾客的需求，是一种无形的商品。忠于职守，是要求把自己职责范围内的事情做好，合乎质量标准和规范要求，能够完成应承担的任务。茶艺师职业道德的养成，要从爱岗敬业、忠于职守开始，把自己的职业当成自己生命的一部分并尽职尽责地做好。在这个基础上才能够精通业务，服务顾客。

2. 遵纪守法，文明经营

为了规范竞争行为，加强依法经营的力度和维护消费者利益，国家出台了一系列的法律、法规。目前已颁布的与茶艺服务业有关的法律、法规主要有《中华人民共和国产品质量法》《中华人民共和国计量法》《中华人民共和国消费者权益保护法》等。遵纪守法是对每一位公民的要求。能否遵纪守法是衡量职业道德好坏的重要标志。上述与茶艺业有关的法律和规定，茶艺师都要在岗位工作中身体力行。如《中华人民共和国计量法》规定保证计量准确，茶品应有量化标准。因此，应提倡文明经营，要杜绝霉变茶、劣质茶及假茶的经营，防止病从口入，危害人体健康。

3. 礼貌待客，热情服务

礼貌待客，热情服务是茶艺师必备的职业道德之一。热情服务是指茶艺师出于对自己所从事的职业有肯定的认识，对客人的心理有深刻的理解，因而发自内心、满腔热情地向客人提供良好的服务。服务中多表现为精神饱满、热情好客、动作迅速、满面春风等。茶艺师礼貌待客，除仪容仪表、行为举止要求外，还体现在相互尊重、相互理解、不卑不亢、落落大方等礼貌修养方面。如何培养良好的礼貌修养呢？这是一个自我认识、自我养成、自我提高的过程。茶艺师只有把礼貌修养看成是自身素质不可缺少的一部分，是事业发展的基础，是完美人格的组成，才会有真正的自觉意识和主动性。

4. 诚信无欺，真实公道

社会主义商业道德要求树立质量第一、信誉第一、顾客第一的观念，以管理水平、服务质量的竞争为基础，反对不顾质量、不讲信用、巧立名目、以次充好、随意涨价、乱收费用，坚决反对不顾国家利益、尔虞我诈等各种不正确的做法。茶艺师只有坚持讲信誉、重质量，以服务质量和管理水平为基础开展市场竞争，才能取得良好的效果。

5. 钻研业务，精益求精

作为一名称职的茶艺师，除具备上述职业道德要求外，还要掌握过硬的业务本领。例如，沏一杯茶选用何种茶具，采取什么样的投茶方法，投茶量为多少，水温多少为宜，浸泡时间多少为宜，如何斟茶，如何奉茶，如何品茗，以及茶的产地、得名、品质特点、保健作用、保管与鉴别质量等都要清楚了解。最需要强调的是，要根据客人的需求提供不同的服务。因此，没有精通业务的过硬本领，服务好顾客的愿望是不可能实现的。

四、不同民族宾客的服务接待

我国是多民族的国家，在接待中应尊重各民族的风俗习惯和传统礼节，更好地做好接待工作。

1. 接待汉族宾客

汉族大多推崇清饮，茶艺师可根据宾客所点的茶品，采用不同方法为宾客沏茶。用玻璃杯、盖壶沏泡时，当宾客饮茶至茶水只余 1/3 杯时，需要为宾客添水。为宾客添水3 次后，需问宾客是否换茶。

2. 接待藏族宾客

藏族人民喜喝酥油茶，喝茶有一定的礼节，喝第一杯时会留下一些，当喝过三杯后，会把再次添满的茶汤一饮而尽，这表明宾客不再喝了，这时茶艺师就不要再添茶了。

3. 接待蒙古族宾客

接待蒙古族宾客时，要特别注意双手敬茶，以示尊重。若宾客将手平伸，在杯口上盖一下，表明宾客不再喝茶，茶艺师可停止斟茶。

4. 接待傣族宾客

茶艺师在为傣族宾客斟茶时，只斟浅浅半小杯，以示对宾客的敬重。另外，斟茶要斟三道。

5. 接待维吾尔族宾客

茶艺师在为维吾尔族宾客服务时，尽量当着宾客的面冲洗杯子，以示清洁。为宾客端茶时要用双手，忌用单手递接东西。

6. 接待壮族宾客

茶艺师在为壮族宾客服务时，应了解"酒要斟满、茶斟半碗"这个习俗，斟茶不能过满，否则会被视为不礼貌。另外要注意双手捧上香茶。

7. 接待回族宾客

回族宾客喜欢喝茶，华北地区喜欢茉莉花茶，西北地区爱喝砖茶，西南地区以红茶和花茶为主，东南地区多饮清茶。

在茶事服务中，对于一些不同地域、不同民族的服务要做到区别对待，只有这样才能够让客户最大限度地感受到被尊重。

任务分工

以 4 ～ 6 人为一个小组，各小组选出组长并进行任务分工，然后将分工情况填入表中。

班级		组号		指导教师	
小组成员	姓名	学号		任务分工	
组长					
组员					

任务实施

按照工作计划开展活动，然后将具体的实施情况记录在表格中。

班级：	组号：	组长：
时间安排	实施步骤	
	（1）进行资料收集与汇总 茶艺服务礼仪的内容： 服务礼仪规范： 茶艺师职业道德规范：	
	（2）讨论并分析资料	
	（3）书写汇总报告，制作 PPT	
	（4）过程中遇到的问题及解决办法 问题： 解决办法：	
	（5）在课堂上汇报成果，同时分享自己的心得体会	
	（6）其他同学提问	

任务评价

各组成员结合课前、课中、课后的学习情况及任务完成情况，按照任务评价表中的评价标准进行自评、互评，请教师进行总体评价。

考核内容	评价标准	分值	评价得分		
			自评	互评	师评
知识、技能考核（70%）	能掌握茶艺服务礼仪的分类	10			
	能展示服务礼仪（3种以上）	10			
	能阐述服务礼仪规范	10			
	能掌握茶艺师职业道德标准	10			
	收集的资料真实、客观、全面	15			
	任务讲解标准、流利，讲述清楚、生动	15			
德育、素养考核（30%）	课前积极收集茶艺服务礼仪和茶艺师职业道德标准的相关资料，并主动预习和复习本任务的知识	5			
	分工合理，任务准备工作做得充分	5			
	认真思考提问，积极参与课堂互动活动，并踊跃发表自己的看法	5			
	具有良好的团队精神和团队协作能力	10			
	任务单填写完整，字迹工整	5			
总评	自评（20%）+互评（20%）+师评（60%）=	教师（签名）：			

项目自测

一、单项选择题

1. 茶艺表演中的服饰首先应与所要表演的（　　）相配套。

　　A. 茶艺内容　　　　B. 茶艺背景　　　　　　C. 冲泡茶样　　　　　D. 差距样式

2. （　　）发型适合泡茶或茶艺表演。

　　A. 遮眉刘海　　　　B. 披头散发　　　　　　C. 简单盘发　　　　　D. 潮流卷发

二、判断题

1.（　　）客来奉茶，如果同时有两位以上的访客，端出的茶色要均匀，如点心放在客人的右前方，茶杯应该摆在点心右边。

2.（　　）玻璃杯是常用泡茶器具，它具有泡茶时不失原味、色香味皆韵、茶叶不易霉馊变质、泥色多变、耐人寻味、壶经久耐用、光泽美观等优点。

三、简答题

1.简述茶艺师的站姿动作要领。

2.简述茶艺师的注目礼和点头礼的动作要领。

项目三　茶艺冲泡基础

项目引言 ●

　　《华阳国志·巴志》中记载"园有方翡，香茗"，中国人工栽培，利用茶树已有3 000多年历史。在这悠久的历史发展进程中，茶已成为中国各族人民日常生活的一部分。人们常说："开门七件事，柴米油盐酱醋茶。"可见茶在日常生活中的地位。在饮茶过程中，人们对水、茶、器具、环境都有较高的要求：好水，应具备"清、轻、甘、冽、活"的特性；泡不同的茶类，需要选择不同的茶器；境随心转，淡淡如禅的意境，源于茶里，更源于心里。

学习目标

知识目标

1. 了解茶树的种类和生长环境；
2. 掌握茶叶的分类；
3. 掌握泡茶用水的标准；
4. 掌握茶具的种类。

能力目标

1. 能够对六大茶类进行区分；
2. 能够学会茶具的配置；
3. 能够掌握泡茶的基本手法。

素养目标

1. 培养学生熟悉我国茶叶的地理分布，感受我国茶叶发展对世界各产茶地区的影响，坚定文化自信；
2. 引领学生树立传承和发扬中华民族传统文化的思想。

☑ 任务清单

学习任务清单		
完成一项学习任务后，请在对应的方框中打钩		
课前预习	☐	准备学习用品，预习课本知识
	☐	通过网络收集有关茶的种类和茶的产区的资料
	☐	形成对茶叶分类的初步印象，并与课本知识相互印证
课堂学习	☐	了解茶树的种类与生长环境
	☐	掌握茶叶的分类
	☐	了解我国主要的产茶区
	☐	掌握茶具的种类
	☐	掌握茶具的选配
	☐	掌握茶具的使用方法
课后实践	☐	积极、认真地参与实训活动
	☐	在实训中，与同学协调配合，提高人际交往能力和解决问题的能力
	☐	提高茶艺素养，传承与弘扬中华茶文化
学习任务标准		
完成一项学习任务后，请在对应的方框中打钩		
1+X 茶艺师国家职业技能等级标准	☐	茶叶的分类
	☐	我国主要的产茶区
	☐	泡茶茶具的种类
	☐	泡茶茶具的使用方法
中国茶艺水平评价规程	☐	茶树的基础知识
	☐	茶具使用的基本手法
	☐	茶叶分类与基本品质特征

工作任务一　认识茶叶

◎ 任务导入

　　"茶者，南方之嘉木也。一尺、二尺乃至数十尺。其巴山峡川有两人合抱者，伐而掇之。其树如瓜芦，叶如栀子，花如白蔷薇，实如栟榈，蒂如丁香，根如胡桃。"这是

《茶经》中对茶树生长环境及形态的描述，是说茶是我国南方的珍贵树种。树的高度为一尺、两尺直至几十尺不等。在巴山峡川一带，由两个人合抱那么粗的茶树，需要将其枝条砍下才能采摘茶叶。茶树的大体形态像瓜芦，叶子像栀子叶，花像白蔷薇花，果实像梼桐子，蒂像丁香蒂，根像胡桃根。

你们知道这里的"巴山峡川"指的是哪里吗？现今在我国还有哪些地区生产茶叶呢？

任务分析

通过资料收集，了解我国茶叶的分布、茶叶的产区、茶叶的种类，以及区分茶叶的方法。思考：我国茶叶对世界茶叶的发展有哪些影响。

知识准备

一、茶树

茶树是一种叶子可用来制作茶叶的多年生常绿木本植物。中国是茶树的原产地。中国的西南地区（主要是云南、贵州及四川），既是世界上最早发现、利用和栽培茶树的地方，又是世界上现存野生茶树最多、最集中的地方。

（一）茶树的种类

1. 按分枝部位分

茶树品种按分枝部位可分为乔木、小乔木（也称半乔木）、灌木三种类型（图3-1）。

2. 按叶片大小分

茶树品种按叶片大小可分为特大叶类、大叶类、中叶类和小叶类（图3-2）。

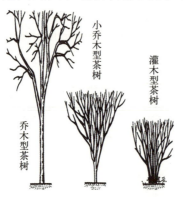

图3-1　茶树树型（按分枝部位分）

图3-2　茶树类型（按叶片大小分）

（二）茶树的生长环境

茶树的生长环境是指光照、气温、雨量、土壤等环境条件。茶树的适生环境归纳起来有"四喜四怕"。

1. 喜光怕晒

茶树有机体中90%以上的物质靠光合作用合成。当光照充分时，茶树的叶片比较肥厚、坚实，叶色相对深而有光泽，品质成分含量丰富，制成的茶叶滋味浓厚；相反，若光照不足，茶树叶片则大而薄，叶色浅，质地较松软，水分含量相对增高，茶叶滋味淡薄。茶树虽然喜光但怕晒，喜漫射光，怕直射光。在空旷的全光照条件下生育的茶树，叶形小、叶片厚、节间短、叶质硬脆，制成的茶叶品质不佳。

2. 喜暖怕寒

不同品种茶树的最适宜生长温度不同，多数品种为 20 ～ 30 ℃。当气温下降到 10 ℃时，茶芽会停止萌发，茶树进入休眠状态。一般来说，小叶种茶树的抗寒性要比大叶种茶树的抗寒性强。但茶树也不喜欢高温，当气温超过 35 ℃ 时，茶树新梢就会出现叶片枯萎脱落的现象。

3. 喜湿怕涝

茶树性喜潮湿，需要多量而均匀的雨水。年降水量在 1 500 毫米左右，相对湿度保持在85% 左右的地区较有利于茶树的生长。长期干旱或湿度过高均不适于茶树生长。此外，低洼地长期积水、排水不畅，茶树根系发育受阻，也不利于茶树生长。

4. 喜酸怕碱

茶树适宜在土质疏松、土层深厚、排水和透气性良好的微酸性土壤中生长，以酸碱度（pH 值）4.5 ～ 5.5 为最好。

二、茶叶的分类

我国茶叶生产历史悠久，品种繁多。根据不同的划分标准，茶叶可以分为不同的类型。

（一）按采茶季节分类

1. 春茶

春茶是指当年 3 月下旬到 5 月中旬之前采制的茶叶。春季温度适中，雨量充沛，再加上茶树经过冬季的休养生息，春季茶芽肥硕，色泽翠绿，叶质柔软，而且含有丰富的维生素、氨基酸等。这段时间一般无病虫危害，无须使用农药，茶叶无污染。因此，春茶，特别是早春茶，往往是一年中品质最优的。

2. 夏茶

夏茶是指 5 月下旬至 7 月上旬采制的茶叶。夏季天气炎热，茶树的新梢芽叶生长迅速，使能溶解于茶汤的水浸出物含量相对减少，特别是氨基酸等的减少使茶汤滋味、香气多不如春茶强烈。而且，夏茶中带苦涩味的花青素、咖啡因、茶多酚含量比春茶多，使其紫色芽叶增加，茶叶色泽深浅不一，而且滋味较为苦涩。

3.秋茶

秋茶是指7月下旬以后采制的茶叶。秋季气候条件介于春夏之间，茶树经春夏二季生长，新梢芽内含物质相对减少，叶片大小不一，叶底发脆，叶色发黄，滋味和香气显得比较平和。

4.冬茶

冬茶大约在10月下旬开始采制。冬茶是在秋茶采完后，气候逐渐转冷后生长的。因冬茶新梢芽生长缓慢，内含物质逐渐增加，所以，滋味醇厚，香气浓烈。

（二）按发酵程度分类

发酵是指茶叶进行酶性氧化，形成茶黄素、茶红素等深色物质的过程。发酵茶是指在茶叶制作中有发酵这一工序的茶，因发酵程度不同可分为轻发酵茶（如白茶、黄茶）、半发酵茶（如青茶）、全发酵茶（如红茶）和后发酵茶（如黑茶）。不发酵茶则指没有经过发酵工序的茶（如绿茶）。按发酵程度分，茶叶分类如图3-3所示。

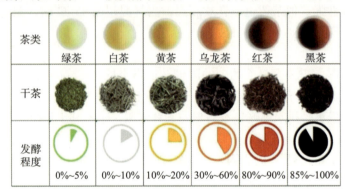

图3-3 茶叶分类

茶人茶语

关于"发酵"的那些事儿

生活中我们所说的"发酵"通常是指借助微生物在有氧或无氧条件下的生命活动来制备微生物菌体本身、直接代谢产物或次级代谢产物的过程。人们会利用有益微生物加工制造食品，如酸奶、泡菜、酱油、食醋、豆豉、啤酒等。而"发酵"在茶叶制作中则有两层含义：一是（自身酶促反应的）生物氧化意义上的发酵；二是微生物参与的发酵。

除后发酵茶外，茶叶的发酵一般指单纯的一种氧化作用，只要将茶青（指从茶园里刚采摘下来的叶子）放在空气中即可。在特定环境中，茶叶在自身酶的作用下，体内会发生一系列氧化、水解等反应。其中最重要的是多酚氧化酶和过氧化物酶促进的茶多酚物质的变化。根据多酚类物质氧化程度的不同，也就有了全发酵、半发酵、轻发酵的差异。而对于后发酵茶，如黑茶，在杀青之后进行的发酵不是"酶促发酵"，而是"菌群发酵"，即大量微生物参与了茶叶内含成分的转化。

（三）按加工方法分类

1. 基本茶类

基本茶类是指茶树鲜叶经过初制、精制后，不再进行再加工或深加工的茶类。基本茶类可分为绿茶、黄茶、白茶、青茶（乌龙茶）、红茶和黑茶六大类。

2. 再加工茶类

再加工茶类是指以六大基本茶类为原料，采用一定的方法对其进行再加工而成的茶类，主要包括花茶、紧压茶、萃取茶及药用茶等。

花茶又名香片，主要以绿茶、红茶或乌龙茶作为茶坯，并配以能够吐香的鲜花作为原料制作而成。花茶是中国特有的一类再加工茶，如茉莉花茶、茉莉毛峰、茉莉银针（图3-4）等。

（a）　　　　　　　　　　（b）　　　　　　　　　　（c）

图3-4　茉莉花茶、茉莉毛峰、茉莉银针

（a）茉莉花茶；（b）茉莉毛峰；（c）茉莉银针

紧压茶是以基本茶类为原料，经加工、蒸压成形而制成的一种茶，如湖南的黑砖茶（图3-5）、云南的饼茶（图3-6）等。

图3-5　黑砖茶　　　　　　　**图3-6　饼茶**

萃取茶是以成品茶或半成品茶为原料，用热水萃取茶叶中的可溶物，过滤弃去茶渣获得茶汁，经过一定的加工，如浓缩、干燥等，制成的固态茶或液态茶，如罐装饮缩茶、速溶茶等。

药用茶是在茶叶中添加食物或药物制成的、具有一定疗效的液体饮料，如益寿茶、减肥茶、姜茶散等。

三、我国茶区概述

中国茶叶产区辽阔，西起东经91°的西藏自治区错那，东至东经122°的台湾地区东海岸，南自北纬18°的海南省三亚，北抵北纬38°的山东省蓬莱山。产茶区域东西跨越31个经度，南北跨越20个纬度，遍及西藏、四川、甘肃、陕西、河南、山东、云南、贵州、重庆、湖南、湖北、江西、安徽、浙江、江苏、广东、广西、福建、海南、台湾等20余个省、自治区、直辖市。

我国茶区有平原、高原、丘陵、盆地和山地等地形，海拔高低相差悬殊。受纬度、海拔等条件的影响，不同茶区自然环境差异较大，横跨暖温带、中热带、南亚热带、中亚热带、北亚热带、边缘热带6个气候带，茶树生长集中于南亚热带和中亚热带。不同地区的土壤、降水、温度等条件存在差异，对茶树的生长发育和茶叶的生产有着重要的影响。因此，在不同的区域生长着不同类型、不同品种的茶树，决定了茶叶的品质及适制性，从而形成了丰富的茶类结构。

为便于管理及研究，我国对茶区设置了3个级别：一级茶区，为全国性划分，用以进行宏观的指导；二级茶区，由省（自治区）自行划分，用以指导省（自治区）内的茶叶生产；三级茶区，由各地县进行划分，用以具体指导茶叶生产。1982年，全国茶叶区划研究协作组依据地域、气候、茶树类型、品种分布及产茶种类等因素，对国家一级茶区进行了划分，即西南、华南、江南、江北四大茶区。

（一）西南茶区

西南茶区又称高原茶区，是我国最古老的茶区，位于我国西南部，包括贵州、四川、重庆、云南的中北部和西藏的东南部。西南茶区是茶树生态适宜区，属亚热带季风气候。由于地形复杂，地势高，区域内气候差别很大，具有立体气候特征。四川盆地年平均气温为16～18 ℃，云贵高原年平均气温为14～15 ℃，≥10 ℃年活动积温为5 500 ℃以上，年降水量为1 000～1 700毫米。茶区土壤类型多样，云南中北部区域主要为棕壤、赤红壤及山地红壤，而四川、贵州和西藏东南部区域主要为黄壤，pH值为5.5～6.5，该区土壤有机质含量较其他茶区丰富，土壤状况适于茶树生长。茶区茶树品种资源丰富，兼具灌木型、小乔木型和乔木型茶树。生产茶叶主要为绿茶（如都匀毛尖、竹叶青等）、红茶（如滇红工夫、川红工夫等）、黑茶（如普洱熟茶、下关沱茶等）及花茶（如玫瑰花茶等）（图3-7）。

（二）华南茶区

华南茶区又称岭南茶区，是我国最南部的茶区，位于中国南部，包括海南、台湾两省，福建和广东的中南部，广西和云南的南部。该茶区为茶树生态最适宜区，气候温暖湿润，南部为热带季风气候，北区为南亚热带季风气候。年平均气温为20 ℃，为中国气温最高的茶区，≥10 ℃年活动积温 6 500 ℃以上。年降水量为 1 200 ～ 2 000 毫米，同样为各茶区之最。整个茶区土壤以赤红壤为主，部分为黄壤，pH 值为 5.0 ～ 5.5。茶区有灌木型、小乔木型和乔木型茶树，茶树以大叶种为主。华南茶区茶类结构丰富，生产的茶叶有红茶（如英德红茶等）、乌龙茶（如铁观音、冻顶乌龙等）、黑茶（如六堡茶等）、花茶（如茉莉花茶等）等（图 3-8）。

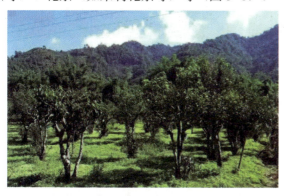

图 3-7　西南茶区茶园（云南景谷县秧塔村，陈林波提供）　　　图 3-8　华南茶区茶园

（三）江南茶区

江南茶区又称华中南区茶区，位于长江中下游南部，包括浙江、江西、湖南三省，广东和广西的北部，福建的中北部，湖北、安徽、江苏的南部。该区为茶树生态适宜区，气候温和湿润，北部为中亚热带季风气候，南部为南亚热带季风气候。茶区四季分明，雨量充沛并集中于春夏季，年降水量为 1 100 ～ 1 600 毫米。年平均气温为 15 ～ 18 ℃，≥10 ℃年活动积温为 4 800 ～ 6 000 ℃。茶区土壤以红壤为主，黄壤次之，pH 值为 5.0 ～ 5.5。茶树主要为灌木型中小叶种，也有小乔木型茶树。该区为我国茶叶主产区，约占全国茶叶年产量的 2/3，并且是我国绿茶（如西湖龙井、六安瓜片、恩施玉露、洞庭碧螺春等）产量最高的区域，同时也生产红茶（如祁红工夫等）、黑茶（如安化黑茶、千两茶等）、乌龙茶（如大红袍、肉桂茶等）、白茶（如白毫银针、白牡丹等）、黄茶（如君山银针等）、花茶（如珠兰花茶等）（图 3-9）。

（四）江北茶区

江北茶区又称华中北区茶区，是我国最靠北的茶区，位于长江中下游北部，包括湖北、安徽、江苏的北部，甘肃、陕西、河南的南部，山东的东南部。该茶区为茶树生态次适宜区，属北亚热带和暖温带季风气候。年平均气温为 13 ～ 16 ℃，最低气温一般为 -10 ℃，极端最低温可达 -15 ℃以下，>10 ℃年活动积温为 4 500 ～ 5 200 ℃。年降水量一般不超 1 000 毫米，且分布不均匀。江北茶区气候寒冷，较其他茶区气温低，积温少，茶树的新梢生长期短，且冬季的低温和干旱使茶树常受冻害。该区土壤多为黄棕壤，部分地区为棕壤，pH 值为 6 ～ 6.5。茶树主要为灌木型中小叶种，生产的茶叶基本都是绿茶（如信阳毛尖等）（图 3-10）。

图 3-9　江南茶区茶园

图 3-10　江北茶区茶园

任务分工

以 4～6 人为一个小组，各小组选出组长并进行任务分工，然后将分工情况填入表中。

班级		组号		指导教师	
小组成员	姓名	学号		任务分工	
组长					
组员					

任务实施

按照工作计划开展活动，然后将具体的实施情况记录在表格中。

班级：	组号：	组长：
时间安排	实施步骤	
	（1）进行资料收集与汇总 茶树的种类： 茶叶的分类： 我国茶区的分布：	
	（2）讨论并分析资料	
	（3）书写汇总报告，制作 PPT	

续表

时间安排	实施步骤
	（4）过程中遇到的问题及解决办法 问题： 解决办法：
	（5）在课堂上汇报成果，同时分享自己的心得体会
	（6）其他同学提问

 任务评价

　　各组成员结合课前、课中、课后的学习情况及任务完成情况，按照任务评价表中的评价标准进行自评、互评，请教师进行总体评价。

考核内容	评价标准	分值	评价得分		
			自评	互评	师评
知识、技能考核（70%）	能掌握茶树分类	10			
	能掌握茶叶的分类	10			
	能阐述我国茶区的分布情况	10			
	收集的资料真实、客观、全面	10			
	PPT制作内容准确、完整，富有创意	15			
	任务讲解标准、流利，讲述清楚、生动	15			
德育、素养考核（30%）	课前积极收集茶叶分类与茶区分布的相关资料，并主动预习和复习本任务的知识	5			
	分工合理，任务准备工作做得充分	5			
	认真思考提问，积极参与课堂互动活动，并踊跃发表自己的看法	5			
	具有良好的团队精神和团队协作能力	10			
	任务单填写完整，字迹工整	5			
总评	自评（20%）＋互评（20%）＋师评（60%）＝	教师（签名）：			

工作任务二　茶艺用具

 **任务导入**

　　茶具，古代亦称茶器或茗器，西汉辞赋家王褒的《僮约》中有"烹茶尽具，酺已盖藏"之说，这是中国最早提到"茶具"的一条史料，宋代皇帝将"茶器"作为赐品，可见宋代"茶具"十分名贵，北宋画家文同有"惟携茶具常幽绝"的诗句，元代画家王冕《吹箫出峡图》有"酒壶茶具船上头"的诗句。不难看出，无论是唐宋诗人，还是元明画家，他们笔下经常可以读到"茶具"诗句。说明茶具是茶文化不可分割的重要部分。

　　同学们，你们知道茶具的种类有哪些吗？在泡茶的过程中，它们是怎样使用的呢？

任务分析

　　通过资料收集，了解茶具的种类，不同茶叶冲泡所需要的不同器具，了解茶具的配置方法，思考茶具在茶艺表演中的作用。

知识准备

一、茶具种类

　　茶具是指饮茶器具。按照不同的分类标准，茶具可分为不同的种类。

（一）按质地分类

　　茶具的质地主要有金、银、铜、铁、锡、瓷、陶、漆、竹等。不同质地的茶具有不同的特色。

1.陶器茶具

　　陶器茶具（图3-11）主要是指明代中期兴起的紫砂茶具，发源于江苏省宜兴县丁蜀镇。当地特产一种澄泥陶土，有紫色、绿色和红色三种颜色，制成的成品称作紫砂器，简称紫砂。紫砂可塑性好，冷热急变性能好，导热性能低，气孔率介于一般陶器和瓷器之间。用紫砂茶具泡茶，既不失茶的真香，又无熟汤气，能较长时间保持茶叶的色、香、味。

2.瓷器茶具

　　瓷器茶具根据颜色可分为青瓷茶具、白瓷茶具和黑瓷茶具等几个种类。

　　（1）青瓷茶具。青瓷茶具（图3-12）以瓷质细腻、线条明快流畅、造型端庄浑朴、

图3-11　陶器茶具

色泽纯洁而出名。

（2）白瓷茶具。白瓷茶具（图3-13）色泽洁白，能反映出茶汤色泽，传热和保温性能适中，适合冲泡各类茶叶。白瓷茶具造型精巧，装饰典雅，外壁多绘有山川河流、四季花草、飞禽走兽、人物故事，或者缀以名人书法等，具有较高的艺术欣赏价值。

（3）黑瓷茶具。黑瓷茶具（图3-14）胎质较厚，釉色漆黑，造型古朴，风格独特。黑瓷茶具流行于宋代。在宋代，茶色贵白，所以，斗茶的人常用黑瓷茶具作为陪衬。

图 3-12　青瓷茶具　　　　图 3-13　白瓷茶具　　　　图 3-14　黑瓷茶具

3. 玻璃茶具

玻璃茶具（图3-15）质地透明、传热迅速、不透气。用它来泡茶，可以看见茶叶在冲泡过程中徐徐舒展的曼妙舞姿及茶汤颜色。但是，玻璃茶具传热较快，容易烫伤手，而且易碎。

4. 竹木茶具

竹木茶具（图3-16）具有不导热、保温、不烫手的优点，而且竹木茶具纹理天然，具有较高的审美价值。

图 3-15　玻璃茶具　　　　图 3-16　竹木茶具

5. 搪瓷茶具

搪瓷茶具（图3-17）以其坚固耐用、轻便耐腐蚀而深受人们的喜爱。但是，搪瓷茶具具有导热快、易烫伤手、烫坏桌面的缺点。

6. 金属茶具

金属茶具（图3-18）是指由金、银、铜、铁、锡等金属材料制作而成的茶具。金属器具是我国最古老的日常用具之一。在元代之前，金属茶具使用比较广泛，但是元代之后，尤其是从明代开始，随着茶类的创新、饮茶方式的改变及陶器茶具的兴起，金属茶具逐渐消失。而且，人们发现使用金属茶具来煮水泡茶，容易损伤茶的香味。同时，我国的茶道精神倡导"精行俭德"，在茶艺中使用金属茶具显得过于奢华，所以，后来饮茶时就基本不使用金属茶具了。

图 3-17　搪瓷茶具

图 3-18　金属茶具

（二）按功能分类

1. 主茶具茶壶

茶壶是用以泡茶的器具，由壶盖、壶身、壶底和圈足四部分组成。壶盖有气孔、钮座、盖沿等细部；壶身有口、嘴、流、腹、肩、把等细部（图 3-19）。由于壶的把、盖、底、形等细微部分不同，壶的基本形态就有将近 200 种。

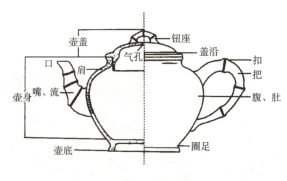
图 3-19　茶壶结构

（1）壶承。壶承（图 3-20）是承放茶壶等的垫底器具，多为竹木、陶瓷及金属制品。其主要功能是防止茶壶烫伤桌面，同时，也可以增加茶壶的美观度。

（2）公道杯。公道杯（图 3-21）又称茶海，最早于 20 世纪 70 年代出现在我国台湾地区。公道杯的材质不同，形态各异。其主要功能：一是均匀茶汤的浓度；二是将茶汤及时斟于公道杯中，可避免因茶叶久泡而苦涩。有时，茶人还会在公道杯上放置一个滤网，以过滤茶渣、茶沫等。

（3）茶杯。茶杯（图 3-22）的种类繁多，大小和形态各异。喝不同的茶要用不同的茶杯。

（4）闻香杯。闻香杯（图3-23）用来闻茶汤的香气。为了欣赏茶汤颜色和便于清洗，一般选用内壁是白色或浅色釉的茶杯和闻香杯。

图 3-20 壶承　　　图 3-21 公道杯　　　图 3-22 茶杯　　　图 3-23 闻香杯

（5）杯托。杯托（图3-24）是茶杯的垫底器具。

（6）盖置。盖置（图3-25）是放置壶盖、杯盖的器物，材质多为紫砂或瓷器。其主要功能是避免茶水沾湿桌面。

（7）盖碗。盖碗（图3-26）也称三才杯，杯盖为天，杯身为人，杯托为地。盖碗是我国明清以后最经典的茶具之一。其大小不一，杯身上的图案丰富多彩，材质也各有不同。

（8）飘逸杯。飘逸杯（图2-27）的杯盖连接一个滤网，中轴线可以像活塞一样上下提压，泡茶时既可以保证茶汤均匀，又可以隔离茶渣。

图 3-24 杯托　　　图 3-25 盖置　　　图 3-26 盖碗　　　图 3-27 飘逸杯

2. 辅助用品

（1）铺垫。铺垫（图3-28）是茶席整体或局部物体下摆放的各种铺垫物。常用的材质有棉、麻、化纤、竹、草秆等。铺垫能根据茶人的需求和审美烘托饮茶的氛围，实现精茶、佳客、美器与雅静的和谐统一。

（2）茶盘。茶盘（图3-29）是放置茶具的垫底器具，是用以泡茶的底座。常见的茶盘有根雕茶盘、木质茶盘、竹茶盘、石制茶盘、翡翠茶盘、瓷茶盘、紫砂茶盘等。

（3）茶巾。茶巾（图3-30）是擦拭茶具的棉织物，可以用来擦拭泡茶、分茶时不小心洒出来的水滴，也可以用来吸干壶底、杯底遗留的水，还可以在注水、续水时托垫壶流底部。有时，也用来擦拭清洁桌面。每张茶桌通常配备两块茶巾，一块用来清洁茶具，另一块用来清洁茶桌。

（4）茶巾盘。茶巾盘（图3-30）是放置茶巾的用具。常见的材质有竹、木、金属等。

图 3-28　铺垫　　　　　　　　　图 3-29　茶盘　　　　　　　图 3-30　茶巾和茶巾盘

（5）奉茶盘。奉茶盘（图 3-31）是用以放置茶杯、茶碗、茶食或其他茶具的盘子，也常用作向客人奉茶和奉食的盘子。常见的材质有竹、木、塑料、金属等。

（6）茶荷。茶荷（图 3-32）主要用来观赏干茶和放置待泡的干茶。

（7）茶则。茶则（图 3-33）用来从茶叶罐中量取干茶入壶或入杯。

图 3-31　奉茶盘　　　　　　　　图 3-32　茶荷　　　　　　　图 3-33　茶则

（8）茶夹。茶夹（图 3-34）用来夹取闻香杯和品茗杯，或用来将茶渣从茶壶中夹出来。

（9）茶漏。茶漏（图 3-35）又称茶斗，常用在紫砂壶口，便于放置茶叶，以防茶叶外漏。

（10）茶匙。茶匙（图 3-36）又称茶导，常与茶荷搭配使用，用来拨取干茶。

图 3-34　茶夹　　　　　　　　　图 3-35　茶漏　　　　　　　图 3-36　茶匙

（11）茶针。茶针（图 3-37）是用来疏通紫砂壶流口，防止茶叶堵塞茶壶。

（12）茶筒。茶筒（图 3-38）是摆放茶艺用品的容器。

（13）滤网。滤网用来过滤茶汤中的茶渣。

（14）计时器。计时器是用来计算泡茶时间的工具，一般使用能计秒的计时器。

（15）茶拂。茶拂（图 3-39）是用来刷除茶荷上所沾茶沫的用具。

图 3-37　茶针

图 3-38　茶筒

图 3-39　茶拂

3. 备水器

（1）净水器。净水器是用来净化水源的，通常安装在取水管口，按照泡茶用水量和水质要求选择合适的净水器。

（2）储水缸。储水缸用来储存水源。用储水缸储放泡茶用水，可以起澄清和挥发水中氯气的作用。但是，应注意保持储水缸的清洁。

（3）煮水器。煮水器（图 3-40）由烧水壶和热源两部分组成，其中热源可以用电炉、酒精炉、炭炉等，目前茶馆常用的煮水器为电煮水壶。

（4）保温瓶。保温瓶用来储放热水。

（5）水方。水方是用来盛放弃水、茶渣的器皿。

图 3-40　煮水器

4. 备茶器

备茶器主要是指茶叶罐。茶叶罐（图 3-41）是存放茶叶的罐子，可以是马口铁、不锈钢、锡合金及陶瓷等材质。另外，茶叶罐必须无异味，能密封且不透光。

5. 盛运器

（1）提篮。提篮是用来放置泡茶用具及茶叶罐的，可以是竹编、藤编、木制的有盖或无盖提篮。

（2）包壶巾。包壶巾是用来保护壶、盅、杯等的包装巾，通常是由厚而柔软的织物编织而成，四个角上缝有雌雄搭扣。

图 3-41　茶叶罐

6. 泡茶席

（1）茶车。茶车是可移动的泡茶桌子，不泡茶时可将两侧台面放下，桌子就变成了柜子，柜子内分小格，放置泡茶器具及用品。

（2）茶桌。茶桌是用来泡茶的桌子。

（3）茶凳。茶凳是泡茶时坐的凳子，其高低与茶车或茶桌相匹配。

7. 茶室用品

（1）屏风。屏风主要用来遮挡非泡茶区域或当作装饰物。

（2）茶挂。茶挂是指挂在墙上营造饮茶气氛的书画等艺术作品。

（3）茶花器。茶花器是插花用的瓶、篓、篮、盆等。

二、茶具的配置

（一）因茶制宜

对于重香气的茶，宜选用硬度大、密度高的瓷壶、玻璃壶等茶具冲泡。由于茶具的硬度大、密度高，其吸水率低，茶香不易被吸收，茶汤显得特别清冽。绿茶类、轻发酵的包种茶类都是比较重香气的茶，如龙井、碧螺春、文山包种、香片等，都适合选用硬度较大的茶具。

对于重滋味的茶，宜选用低密度、吸水量大的陶器茶具来冲泡。低密度陶器的气孔率高，吸水量大，用其将茶泡好后，持其盖即可闻到茶的香味。青茶中的铁观音、水仙、单丛等都是重滋味的茶，应该选用紫砂壶来冲泡。

对于重形态观赏的茶类，宜选用透明的玻璃茶具来冲泡。用透明的玻璃杯才能使观赏者欣赏到茶叶的曼妙形态。例如，冲泡名优绿茶，只有用透明的玻璃杯，才能欣赏到茶舞。

对于重观色的茶类，宜选用壶、杯内壁带白釉的茶具或透明的茶具。选用此类茶具，才能欣赏到红茶红艳的汤色，如观赏普洱茶、青茶等的汤色。

（二）因人制宜

不同年龄、不同地区、不同民族、不同学历、不同阶层的人有不同的爱好。在不影响展示茶的色、香、味、形、美的前提下，茶具的搭配要充分考虑到人的因素。例如，同样是冲泡乌龙茶，若是福建人，则可以选用紫砂壶、公道杯、闻香杯、品茗杯等进行搭配；若是青年男女，则可以选用同心杯。

（三）因艺制宜

不同茶艺的表现形式，客观上对茶具的组合有不同的要求。例如，宫廷茶艺要求茶具华贵；文士茶艺要求茶具雅致；民俗茶艺要求茶具朴实；宗教茶艺要求茶具端庄；而企业营销性茶艺则要求所使用的茶具便于最直观地介绍所冲泡茶叶的商品特征，等等。总之，茶具的搭配组合是为茶艺表演服务的。

（四）茶具美学的运用

选择茶具时，要注意各件茶具外形、质地、色彩、图案等方面的协调与对比，要注意对称美与不均匀美。在摆台布席时，要注意茶具之间的照应，以及茶具与室内其他物品的协调。

三、茶具的摆放

茶具摆放总的原则是，符合茶艺师礼仪，方便茶艺师操作，做到协调、美观、大方。具体来说，茶具摆放（图 3-42）要注意以下事项：

（1）茶具在茶席上的布局要合理、实用、美观；

（2）摆放茶具时要有次序，左右要平衡，尽量不要有遮挡；

（3）在摆放茶壶时，壶嘴不能正对客人；

（4）做到干湿分离，避免水渍溅到茶叶上影响茶叶的冲泡；

（5）把主茶具，如茶壶、盖碗等放在表演者正前方；

（6）滤网和公道杯放在同一侧，方便取用；

（7）公道杯和主茶具应呈大约 45°，方便倒茶；

（8）煮水器应与泡茶区保持一定的距离，如果用电炉煮水，要手动挡加水，加水时，壶盖不能发出声音。

图 3-42　茶具布局

📍 **任务分工**

以 4～6 人为一个小组，各小组选出组长并进行任务分工，然后将分工情况填入表中。

班级		组号		指导教师	
小组成员	姓名	学号		任务分工	
组长					
组员					

任务实施

按照工作计划开展活动，然后将具体的实施情况记录在表格中。

班级：	组号：	组长：
时间安排	实施步骤	
	（1）进行资料收集与汇总 茶具种类： 茶具配置： 茶具摆放方法：	
	（2）讨论并分析资料	
	（3）书写汇总报告，制作 PPT	
	（4）过程中遇到的问题及解决办法 问题： 解决办法：	
	（5）在课堂上汇报成果，同时分享自己的心得体会	
	（6）其他同学提问	

任务评价

各组成员结合课前、课中、课后的学习情况及任务完成情况，按照任务评价表中的评价标准进行自评、互评，请教师进行总体评价。

考核内容	评价标准	分值	评价得分		
			自评	互评	师评
知识、技能考核（70%）	能掌握茶具的种类	10			
	能复述茶具的配置方法	10			
	能设计茶具的摆放	10			
	收集的资料真实、客观、全面	10			
	PPT制作内容准确、完整，富有创意	15			
	任务讲解标准、流利，讲述清楚、生动	15			
德育、素养考核（30%）	课前积极收集茶具名称及使用方法的相关资料，并主动预习和复习本任务的知识	5			
	分工合理，任务准备工作做得充分	5			
	认真思考提问，积极参与课堂互动活动，并踊跃发表自己的看法	5			
	具有良好的团队精神和团队协作能力	10			
	任务单填写完整，字迹工整	5			
总评	自评（20%）+互评（20%）+师评（60%）=	教师（签名）：			

工作任务三　泡茶基本手法

任务导入

要真正泡好、喝好一壶茶并非易事。泡茶、喝茶是一门技艺、一门艺术。

泡茶可以因时、因地、因人的不同而有不同的方法。泡茶时涉及茶、水、器具、时间、环境等因素，把握这些因素是泡好茶的关键。在这些因素中，首先需要掌握的就是冲泡器具的使用方法。如何取用器具、持壶、翻杯等都是茶艺师所要掌握的必备技能。同学们，你们会使用它们吗？

任务分析

通过资料收集，了解茶具的使用方法，依据茶礼掌握泡茶的基本手法，思考茶具使用过程中遵循了哪些礼节，为什么要遵循茶礼。

知识准备

一、取用器物手法

1. 捧取法

以坐姿为例，将搭于前方桌沿的双手慢慢移至肩宽，双手掌心相对向前合抱欲取的茶具，双手捧住茶具基部，然后移至需要安放的位置，轻轻放下，随后收回双手。物品复位也是同样的操作。捧取法用于捧取茶叶罐、箸匙筒、花瓶等立式茶具（图 3-43）。

2. 端取法

双手伸出及收回同捧取法，但是，端物时双手手心向上，掌心下凹作"荷叶"状，平稳移动物品（图 3-44）。端取法多用于端取赏茶盘、茶巾盘、扁形茶荷、茶点和茶杯等物品。

图 3-43　捧取法

图 3-44　端取法

二、持壶手法

一般情况下，200 mL 以上的大型壶可以采用双手提壶法，200 mL 以内的小型壶可以采用单手提壶法。

1. 双手提壶法

左手握壶把，右手食指、中指按住盖钮或盖，双手同时用力提壶（图 3-45）。

2. 单手提壶法

右手提壶，手肘自然下垂，左手放于茶巾之上（图3-46）。

图3-45　双手提壶　　　　　　　　　　图3-46　单手提壶

三、持杯手法

1. 品茗杯

品茗杯常用的持杯手法是三龙护鼎。具体手法为：右手虎口张开，大拇指、食指握杯两侧，中指抵住杯底，无名指和小拇指自然弯曲（图3-47）。

2. 闻香杯

闻香杯常用的持杯法手法，如图3-48所示。右手虎口张开，用大拇指和其余四指扶住杯身，左手环抱住右手，将杯置于鼻前品闻茗香。

图3-47　品茗杯的持杯手法　　　　　图3-48　闻香杯的持杯手法

四、握（端）盖碗手法

握（端）盖碗的具体手法：右手虎口张开，大拇指与中指扣在杯身中间两侧，食指屈伸按在盖钮下凹处，无名指及小指自然搭扶碗壁（图3-49）。女士需要用双手将盖碗和杯托一起端起。

图 3-49　握（端）盖碗手法

五、翻杯手法

翻杯的具体手法：双手虎口向下，手背相对，用拇指与食指、中指三指捏住茶杯外壁，向内转动手腕成手心向上，轻轻将翻好的茶杯置于茶盘上（图 3-50）。

图 3-50　翻杯手法

六、温壶手法

茶壶在冲泡茶叶之前，先要温壶，即对茶壶进行预热。

1. 开盖

用右手拇指、食指与中指捏住壶盖的壶钮，揭开壶盖，提腕依半圆形轨迹将其放在茶盘（盖置）上（图 3-51）。

图 3-51　开盖手法

2. 注汤

注汤时，用右手提开水壶，按逆时针方向回转手腕一圈低斟，使水流沿圆形的茶壶口冲入；然后提腕令开水壶中的水高冲入茶壶，当注入1/2左右的水时，再次压腕低斟，回转手腕一圈并用力提壶使壶流上翘停止注水；最后将其轻轻放回原处（图 3-52）。

3. 加盖

加盖与开盖顺序相反。加盖后，用热水淋壶。

4. 荡壶

荡壶时，右手持壶，按逆时针方向转动手腕，使茶壶茶身与热水充分接触。

5. 倒水

倒水时，用右手持壶，将水倒入茶盘、水方或品茗杯中，如图3-53所示。

图3-52 注汤   图3-53 倒水

七、温杯手法

温杯手法依茶杯的不同，可分为温茶海手法和温品茗杯手法。

1. 温茶海

温茶海时，用左手提开水壶，逆时针转动手腕，让开水沿茶杯内壁冲入，当杯中的水达到总容量的1/3时，左手提腕断水，逐个注水完毕后开水壶复位。然后，用右手握住茶杯基部，左手托杯底，右手手腕逆时针转动，双手协调令茶杯各部分与开水充分接触，涤荡后将开水倒入水方中（图3-54）。

2. 温品茗杯

温品茗杯时，需将茶杯相连排成"一"字或圆圈，右手提壶，采用往返斟水或循环斟水的方法向各杯中注入开水至满。壶复位，然后右手拿茶夹，夹取品茗杯，使水在品茗杯中旋转一圈。最后，用茶夹将品茗杯里的水倒掉（图3-55）。

图3-54 温茶海手法   图3-55 温品茗杯

八、温盖碗手法

1. 斟水

提开水壶逆时针向盖碗内注入开水，当注入的开水量达到盖碗内容量的 1/3 时，右手提壶断水。最后将茶壶复位（图 3-56）。

2. 烫碗

烫碗时，右手拿杯，并逆时针轻轻摇动盖碗，让盖碗内各部分充分接触热水，然后将其放回茶盘（图 3-57）。

图 3-56　斟水　　　　　　　　　　　　　　　图 3-57　烫碗

3. 倒水

将水倒入水方中。

九、置茶手法

1. 开盖

开盖时，双手捧住茶叶罐，然后右手持罐，左手虎口张开，用拇指、食指和中指打开茶叶罐，并将其盖放置在茶席上。

2. 取茶叶

置茶手法取茶叶时，用左手握住茶叶罐，右手弧形提臂转腕向箸匙筒边，用拇指、食指与中指拿住茶则柄后取出。将茶则伸入茶叶罐中，手腕向内旋转舀取茶叶。左手放下茶叶罐，随后，将右手中的茶则递给左手，右手取茶匙，并用茶匙将茶则中的茶叶拨入茶壶中。最后，将茶则和茶匙放入箸匙筒。

3. 闭盖

取茶完毕后，取盖扣回茶叶罐，用左手食指向下用力压紧盖好。

十、茶巾折法

折叠茶巾的方法有两种：一是将茶巾平铺桌面，先将茶巾横折至中心线处，接着将左右两端竖折至中心线处，之后将茶巾横竖对折，将折好的茶巾放在茶盘内，折口向内；二是将茶巾平铺桌面，先将茶巾对折，然后将茶巾右端向左竖折到 2/3 处，最后对折即可。

📍 任务分工

以 4～6 人为一个小组，各小组选出组长并进行任务分工，然后将分工情况填入表中。

班级			组号			指导教师	
小组成员	**姓名**	**学号**			**任务分工**		
组长							
组员							

📍 任务实施

按照工作计划开展活动，然后将具体的实施情况记录在表格中。

班级：	组号：	组长：
时间安排	**实施步骤**	
	（1）进行资料收集与汇总 取用器具手法： 持壶、握杯手法： 温壶、杯、盖碗等手法：	
	（2）讨论并分析资料	
	（3）学习操作手法、录制展示小视频	
	（4）过程中遇到的问题及解决办法 问题： 解决办法：	
	（5）在课堂上汇报成果，同时分享自己的心得体会	
	（6）其他同学提问	

任务评价

各组成员结合课前、课中、课后的学习情况及任务完成情况，按照任务评价表中的评价标准进行自评、互评，请教师进行总体评价。

考核内容	评价标准	分值	评价得分		
			自评	互评	师评
知识、技能考核（70%）	能够掌握取物方法	10			
	能够掌握持壶、持杯方法	10			
	能够掌握温壶、杯、盖碗等方法	10			
	收集的资料真实、客观、全面	10			
	展示视频制作内容准确、完整，富有创意	15			
	任务讲解标准、流利，讲述清楚、生动	15			
德育、素养考核（30%）	课前积极收集泡茶基本手法的相关资料，并主动预习和复习本任务的知识	5			
	分工合理，任务准备工作做得充分	5			
	认真思考提问，积极参与课堂互动活动，并踊跃发表自己的看法	5			
	具有良好的团队精神和团队协作能力	10			
	任务单填写完整，字迹工整	5			
总评	自评（20%）＋互评（20%）＋师评（60%）＝		教师（签名）：		

项目自测●

一、单项选择题

1. 茶叶的起源地为（   ）。

   A. 中国   B. 日本   C. 美国   D. 韩国

2. 茶叶的种类有（   ）大类。

   A. 3   B. 4   C. 5   D. 6

二、判断题

1.（   ）选择茶具的原则：宜茶、美观、洁净、和谐。

2.（   ）我国茶区目前大致分为江北茶区、江南茶区、华南茶区、西南茶区。

三、实操练习

1. 请展示持壶手法。

2. 请展示温盖碗手法。

项目四　绿茶品鉴与冲泡

项目引言

　　绿茶是我国的国饮，也是联合国推荐的六大健康饮品之首。绿茶属于不发酵茶，由于其特性决定了它较多地保留了鲜叶内的天然物质，含有的茶多酚、儿茶素、叶绿素、咖啡因、氨基酸、维生素等营养成分也较多。从我国绿茶的供需情况来看，我国是绿茶生产大国，内部生产占据了主要供应端，进口数量则微乎其微；在消费方面，我国绿茶的消费量随着销售渠道拓展、健康理念普及等原因而增长；在出口方面，则由于行业自身原因及外国市场偏向红茶而无法产生出口突破。

学习目标

知识目标

1. 了解绿茶的分类、品种、名称等基本知识；

2. 了解绿茶的冲泡器具；

3. 了解绿茶基本特征。

能力目标

1. 能根据茶叶的基本特征区分绿茶；

2. 能根据茶叶选取茶具；

3. 能使用盖碗、玻璃杯、紫砂壶冲泡绿茶。

素养目标

1. 培养学生茶艺师的职业道德，团队合作能力；

2. 培养学生不怕苦、不怕累的精神，对于茶艺冲泡技巧做到"精益求精，力求完美"，培育"工匠"精神。

📋 任务清单

学习任务清单		
完成一项学习任务后，请在对应的方框中打钩		
课前 预习	☐	准备学习用品，预习课本知识
	☐	通过网络收集有关绿茶特点的资料
	☐	形成对绿茶和冲泡方法的初步印象，并与课本知识相互印证
课堂 学习	☐	了解绿茶的分类、品种
	☐	了解绿茶的名称及特点
	☐	了解绿茶的初制工艺
	☐	掌握绿茶玻璃杯冲泡法
	☐	了解绿茶盖碗、紫砂壶冲泡法
	☐	掌握绿茶冲泡表演流程
课后 实践	☐	积极、认真地参与实训活动
	☐	在实训中，与同学协调配合，提高人际交往能力和解决问题的能力
	☐	提高茶艺素养，传承与弘扬中华茶文化
学习任务标准		
完成一项学习任务后，请在对应的方框中打钩		
1+X 茶 艺师国 家职业 技能等 级标准	☐	绿茶分类
	☐	绿茶冲泡器具使用方法
	☐	绿茶基本特征
	☐	绿茶冲泡流程
中国茶 艺水平 评价 规程	☐	掌握绿茶冲泡基本手法
	☐	能分辨绿茶中的主要名茶
	☐	玻璃杯使用要求与技巧

工作任务一　绿茶品鉴

📍 任务导入

　　小星在四川峨眉山脚下的一个茶叶专卖店工作。一天，店里来了一位山西的客人，想购买绿茶回家作为礼物送给亲友，小星热情地接待了他。客人挑来挑去，也没个主意，小星因为对绿茶的种类、品质特征不熟，也没有很好地为客人介绍。如果你是小星，你该怎么给客人介绍绿茶呢？

 任务分析

通过资料收集，了解绿茶的特点、制作工艺，掌握绿茶的分类。

知识准备

绿茶介绍

一、绿茶特点

绿茶是我国生产历史最悠久的茶类，也是主要生产与消费的茶类，其产量和花色品种均居六大茶类之首。绿茶也是我国茶叶主要出口品类，其出口量约占全世界绿茶贸易总量的80%。

绿茶属于不发酵茶，茶鲜叶经过摊放、高温杀青、揉捻（或做形）、干燥等流程加工而成。由于杀青过程中的高温钝化了绝大多数酶的活性，有效阻止了鲜叶中多酚类物质的酶促氧化，致使绿茶均具有典型的"三绿"特征，即外形绿、汤色绿和叶底绿。

二、绿茶的初制工艺

绿茶的基本初制工艺流程：摊放→杀青→揉捻（或不揉捻）→干燥。

（1）摊放：是绿茶初制加工的第一道工艺。一方面，通过对鲜叶集中摊放处理，激发鲜叶内酶的活性，散发一部分水分，使含水率降低，叶质柔软，便于做形；另一方面，摊放时，散发青气的同时生成更多有利于品质形成的物质，使游离氨基酸、可溶性糖增加，酯型儿茶素减少。

（2）杀青：在绿茶初制工艺中起到关键作用，其目的是利用高温破坏鲜叶内酶的活性，抑制多酚类等物质进一步酶促氧化。在杀青过程中，鲜叶大量青气散发，同时保留青叶中大部分内含成分，以形成绿茶清汤绿叶的特色。杀青方法主要有锅炒杀青、热风杀青、蒸汽杀青和滚筒杀青等。

（3）揉捻：是通过外力作用使茶叶面积不断缩小或形成弯曲形状的过程，同时破坏茶叶内细胞和细胞内液泡等的生物膜，使多酚氧化酶与多酚类等物质充分接触。揉捻既丰富了茶叶的外形特征，又促进了茶叶内在品质风味的形成。

（4）干燥：是通过各种形式的外源热量，使茶叶水分含量降低至足干，使茶叶便于储藏，在前几道工艺基础上进一步提升茶叶特色的色、香、味、形。因此，干燥主要起到稳固和提升茶叶品质的作用。绿茶干燥有烘干、炒干、晒干和烘炒结合等几种方式。

三、绿茶的分类

根据杀青和干燥工艺的不同，绿茶可分为蒸青绿茶、炒青绿茶、烘青绿茶和晒青绿茶等。

（1）蒸青绿茶：采用蒸汽杀青的工艺制成的绿茶。蒸汽杀青技术历史悠久，从唐代沿用至今（图4-1）。

（2）炒青绿茶：初制过程中主要以炒干的干燥方式制成的绿茶。因受到外力和热作用，在炒干过程中伴随了做形，因此炒青绿茶外形丰富，有条形、圆形、扁形和卷曲形等多种外形（图4-2）。炒青绿茶可分为长炒青、圆炒青、扁炒青和特种炒青等。

（3）烘青绿茶：在初制过程中主要以烘干的干燥方式制成的绿茶，在干燥阶段对茶叶不施加外力，保留了茶叶自然舒展的外形（图4-3）。

（4）晒青绿茶：在初制过程中以晒干为主要干燥方法制成的绿茶（或全部晒干），风味上呈现出特有的日晒味（图4-4）。

图 4-1　蒸青绿茶　　　　图 4-2　炒青绿茶　　　　图 4-3　烘青绿茶　　　　图 4-4　晒青绿茶

四、绿茶品鉴

绿茶品鉴见表4-1。

表 4-1　绿茶品鉴

名称	产地	成品茶品质特征	图片
西湖龙井	产于浙江省杭州西湖的狮峰、龙井、五云山、虎跑、梅家坞一带	以色翠、香郁、味醇、形美四绝著称于世，素有"国茶"之称。形似碗钉光扁平直，色翠略黄似糙米色；内置汤色碧绿清莹，香气幽雅清高，滋味甘鲜醇和，叶底细嫩成朵	
黄山毛峰	产于安徽省著名的黄山境内，外形芽叶肥壮匀齐，白毫显露，形似雀舌，色似象牙，黄绿油润，叶金黄	外形微卷，状似雀舌，绿中泛黄，银毫显露，且带有金黄色鱼叶（俗称黄金片）。入杯冲泡雾气结顶，汤色清碧微黄，叶底黄绿有活力，滋味醇甘，香气如兰，韵味深长。由于新制茶叶白毫披身，芽尖锋芒，且鲜叶采自黄山高峰，遂将该茶取名为黄山毛峰	

续表

名称	产地	成品茶品质特征	图片
洞庭碧螺春	产于江苏省太湖中的洞庭东、西二山，以洞庭石工、建设和金庭等为主产区	碧螺春以芽嫩、工细著称。外形条索纤细，卷曲成螺，茸毫密披，银绿隐翠，内质汤色清澈明亮，嫩香明显，滋味浓郁甘醇，鲜爽生津，回味绵长，叶底嫩绿显翠	
六安瓜片	产于长江以北、淮河以南的皖西大别山区，以安徽省六安、金寨、霍山三县所产最为著名	外形片状，叶微翘，形似瓜子，色泽杏绿润亮；内质汤色青绿泛黄，香气芬芳，滋味鲜浓，回味甘美，颇耐冲泡，叶底黄绿明亮	
信阳毛尖	产于河南省信阳市车云山、集云山、天云山、云雾山、震雷山、黑龙潭和白龙潭等群峰顶上，以车云山天雾塔峰为最	外形条索细圆紧直，色泽翠绿、白毫显露；内质汤色青绿明亮，香气鲜高，滋味鲜醇，叶底芽壮、嫩绿匀整。素以"色翠、味鲜、香高"著称	
庐山云雾	因产自江西省九江市的庐山而得名	茶芽肥绿润多毫，条索紧凑秀丽，香气鲜爽持久，滋味醇厚甘甜，汤色清澈明亮，叶底嫩绿匀齐。通常用"六绝"来形容庐山云雾茶，即"条索粗壮、青翠多毫、汤色明亮、叶嫩匀齐、香凛持久、醇厚味甘"	
安吉白茶	浙江省湖州市安吉县特产，国家地理标志产品	安吉白茶外形挺直略扁，形如兰蕙；色泽翠绿，白毫显露；叶芽如金镶碧鞘，内裹银箭，十分可人。冲泡后，清香高扬且持久。滋味鲜爽，饮毕，唇齿留香，回味甘而生津。叶底嫩绿明亮，芽叶朵朵可辨	

续表

名称	产地	成品茶品质特征	图片
竹叶青	主产于四川省海拔 800～1 200 米的峨眉山上，山腰的万年寺、清音阁、白龙洞、黑水寺一带都是盛产竹叶青茶的好地方	扁平光滑，翠绿显毫，形似竹叶，色泽嫩绿油润。竹叶青茶于清明前 3～5 天开采，采摘单芽和一芽一叶初展的鲜叶为原料，适当摊放后，经杀青、做形、摊晾、分筛、辉锅等工序精制而成。成品茶以绿色调为主，含有较多的叶绿素，滋味清醇爽口，饮后余香回甘，是形质兼优的茶中珍品	
恩施玉露	湖北省恩施市特产	恩施玉露外形条索紧圆光滑、纤细挺直如针，色泽苍翠绿润。经沸水冲泡，芽叶复展如生，初时婷婷地悬浮杯中，继而沉降杯底，平伏完整，汤色嫩绿明亮，如玉露，香气清爽，滋味醇和。观其外形，赏心悦目；饮其茶汤，沁人心脾	

任务分工

以 4～6 人为一个小组，各小组选出组长并进行任务分工，然后将分工情况填入表中。

班级		组号		指导教师	
小组成员	姓名	学号		任务分工	
组长					
组员					

任务实施

按照工作计划开展活动，然后将具体的实施情况记录在表格中。

班级：	组号：	组长：
时间安排	**实施步骤**	
	（1）进行资料收集与汇总 绿茶的特点： 绿茶初制工艺过程： 绿茶的分类：	
	（2）讨论并分析资料	
	（3）书写汇总报告，制作思维导图。	
	（4）过程中遇到的问题及解决办法 问题： 解决办法：	
	（5）在课堂上汇报成果，同时分享自己的心得体会	
	（6）其他同学提问	

 任务评价

各组成员结合课前、课中、课后的学习情况及任务完成情况，按照任务评价表中的评价标准进行自评、互评，请教师进行总体评价。

考核内容	评价标准	分值	评价得分		
			自评	互评	师评
知识、技能考核（70%）	能掌握绿茶的特点	10			
	能复述绿茶的初制工艺	10			
	能阐述绿茶的分类	10			
	收集的资料真实、客观、全面	10			
	思维导图制作内容准确、完整，富有创意	15			
	任务讲解标准、流利，讲述清楚、生动	15			

续表

考核内容	评价标准	分值	评价得分		
			自评	互评	师评
德育、素养考核（30%）	课前积极收集绿茶特点及分类的相关资料，并主动预习和复习本任务的知识	5			
	分工合理，任务准备工作做得充分	5			
	认真思考提问，积极参与课堂互动活动，并踊跃发表自己的看法	5			
	具有良好的团队精神和团队协作能力	10			
	任务单填写完整，字迹工整	5			
总评	自评（20%）+互评（20%）+师评（60%）=	教师（签名）：			

工作任务二　绿茶冲泡

 **任务导入**

客人提出想喝喝看外形不错的竹叶青茶，可小星选择了用紫砂壶来泡，把竹叶青茶给"闷熟"了，茶汤全是黄色的，与客人看到的翠绿色的干茶色泽完全不搭调，于是这位客人什么也没买，败兴而去。你知道客人为什么没有购买茶叶吗？绿茶应该怎么进行冲泡呢？

 **任务分析**

通过资料收集，了解如何选择合适的茶具、水温等，掌握绿茶的三种泡法和步骤，并能进行绿茶冲泡展示。

 **知识准备**

一、玻璃杯泡法

冲泡绿茶，尤其是名优绿茶，如西湖龙井、黄山毛峰、洞庭碧螺春等，宜选用玻璃茶具。透过玻璃杯，不仅可以看到茶叶吸收水分后，茶芽慢慢舒展开来的过程，还能欣赏到茶叶在杯中上下翩然起舞的美丽姿态和漂亮的茶叶外形。

（一）冲泡方法

绿茶的玻璃杯冲泡方法主要有三种，即上投法、中投法和下投法（图4-5）。

图 4-5　冲泡方法

1. 上投法

上投法是指在冲泡绿茶时，先将热水注入玻璃杯中至七成满，然后将茶叶拨入杯中的冲泡方法。上投法适合冲泡外形紧结密实且容易下沉的茶叶，如碧螺春。

2. 中投法

中投法是指在冲泡绿茶时，先将热水注入杯中至三四成，然后将茶叶拨入杯中，轻轻地摇晃杯子以加快茶叶吸收水分的速度，最后将热水注入杯中至七成的冲泡方法。中投法适合冲泡外形纤细且不易下沉的条形茶，如毛峰类茶。

3. 下投法

下投法是指在冲泡绿茶时，先将茶叶拨入杯中，再注入 1/3～1/2 热水温润干茶，最后将热水注入杯中至七成的方法。下投法适合冲泡那些炒制时间长、外形扁平光滑、茶形松散，且不易下沉的绿茶，如西湖龙井。

（二）绿茶的下投法冲泡表演

茶叶的冲泡程式有简有繁，要根据具体情况，并综合茶的特点而定。另外，由于各地区、各民族的饮茶习惯、风俗的不同，冲泡的方法和程式也有一些差异。绿茶玻璃杯泡法基本冲泡流程如下（以下投法为例）。

（1）备具。准备泡茶用具，包括茶罐、茶盘、玻璃杯（数量根据品茶人数而定）、玻璃杯托、茶荷、茶巾、水方、煮水器或水壶等（图 4-6）。

（2）赏茶。用茶匙将茶叶从茶叶罐中轻轻拨入茶荷，或者轻轻转动茶叶罐倒出茶叶，供品茗的宾客欣赏干茶的茶姿和茶香（图 4-7）。

绿茶冲泡

图 4-6　备具（绿茶）

图 4-7　赏茶（绿茶）

（3）温杯。将玻璃杯一字排开或呈"品"字形排开，依次向杯中倒入 1/3 的热水。然后从左侧杯子开始，用右手握住杯身，左手托住杯底，轻轻转动杯子，最后将热水倒入水方中（图 4-8）。温杯后，杯子温度升高，有利于茶叶香气的散发和内含物质的浸出。

图 4-8　温杯（绿茶）

（4）置茶。用茶匙将茶荷中待泡的茶叶拨入茶杯中。茶叶和水的比例为 1：50（图 4-9）。

（5）温润泡。将水温为 80 ～ 90 ℃的热水注入杯中，注水量为茶杯容量的 1/3 左右。注水时，水应打在玻璃杯的内壁上，避免直接浇注到茶叶上，烫坏茶叶（图 4-10）。

（6）摇香。将水注入杯中后，可轻轻摇动杯身，使茶叶吸收水分而充分舒展开来，摇香的时间控制在 10 秒左右（图 4-11）。

图 4-9　置茶（绿茶）　　　　图 4-10　温润泡（绿茶）　　　　图 4-11　摇香（绿茶）

（7）冲泡。悬壶高冲，注水至茶杯七分满（图 4-12）。

（8）奉茶。奉茶时，要面带微笑，用右手轻握杯身，左手托杯底，双手将茶送至宾客面前，放置在宾客拿取方便的位置。放置好茶杯后，伸出右手，作出"请"的姿势，同时可说"请您品茶"（图 4-13）。

（9）品饮。茶叶冲泡后，可不急于品饮，而先观察茶叶在水中上下飞舞的姿态。接着可以捧杯闻香，观茶汤颜色。最后，品饮茶汤，领略绿茶的独特风味（图 4-14）。

图 4-12　冲泡（绿茶）　　　　图 4-13　奉茶（绿茶）　　　　图 4-14　品饮（绿茶）

二、盖碗泡法

绿茶，除可以使用玻璃杯冲泡外，还可以使用盖碗冲泡。选用盖碗来泡茶，既能保持茶汤的清香，还方便喝茶。因为用盖碗喝茶，饮茶时可以用碗盖拨开浮在茶汤表面的茶叶，方便品饮茶汤。适合用盖碗冲泡的绿茶有黄山毛峰、太平猴魁、洞庭碧螺春等。

绿茶盖碗泡法流程如下。

（1）备具。准备泡茶用具，包括盖碗（数量根据品茗人数而定，可选用 220 mL 的大盖碗）、茶叶罐、煮水器、茶荷、茶匙、茶巾、水方等。

（2）赏茶。取茶叶放入茶荷中，请宾客赏茶。

（3）温碗。将热水注入盖碗约 1/3 容量，然后手持盖碗转动，让盖碗中的热水沿碗口按逆时针方向转动，温热碗杯。最后将水倒入水方中。

（4）置茶。将 3 克左右的茶叶轻轻拨入盖碗中。

（5）冲泡。提壶定点高冲，利用热水冲力的作用使茶叶在碗中翻滚，以利于茶叶香气的散发，以及茶叶营养成分的浸出。

（6）盖碗。盖上碗盖，碗与盖之间留一条缝隙，防止闷黄茶叶和热气吸住碗盖。

（7）奉茶。面带微笑，用双手奉茶，并示意"请用茶"，以示敬意。

（8）品饮。开盖欣赏茶叶姿态，然后用碗盖轻轻拨开茶叶，品饮绿茶独特的滋味。

三、壶泡法

茶人们常说"嫩茶杯泡，老茶壶泡。"中、低档绿茶的外形和品质都稍差，如果用玻璃杯或盖碗冲泡，茶的缺点就暴露无遗，所以，一般多使用瓷壶或紫砂壶进行冲泡。

绿茶壶泡法流程如下。

（1）备具。准备泡茶用具，包括茶壶、茶杯（数量根据品茗人数而定）、茶叶罐、煮水器、茶巾、水方等。

（2）温壶。在泡茶之前，先将热水冲入茶壶，轻轻晃动几圈，暖壶醒味。然后将水倒入水方中。

（3）置茶。将茶叶罐中的茶轻轻拨入茶壶中，茶叶和水的比例为 1 : 50。

（4）冲泡。用回旋低斟的泡茶手法（以逆时针方向向壶中循环注水，高度略高于壶）。

（5）分茶。茶叶在茶壶中浸泡 2 分钟左右后，将茶壶中的茶汤斟入茶杯。斟茶时采用循环倾注法，一般以茶汤入杯七成为标准。若将壶中茶汤分为三杯，那么，第一杯先注入 1/3 茶汤，第二杯注入 2/3 茶汤，第三杯注入七成满茶汤；然后依第二杯、第一杯的顺序注入七成满茶汤。

（6）奉茶。请客人品茶。

⊚ 任务分工

以 4～6 人为一个小组，各小组选出组长并进行任务分工，然后将分工情况填入表中。

班级		组号		指导教师	
小组成员	**姓名**	**学号**		**任务分工**	
组长					
组员					

任务实施

按照工作计划开展活动，然后将具体的实施情况记录在表格中。

班级：	组号：	组长：
时间安排	**实施步骤**	
	（1）进行资料收集与汇总 绿茶玻璃杯泡法： 绿茶盖碗冲泡法： 绿茶壶泡法：	
	（2）讨论并分析资料	
	（3）讨论冲泡流程，录制展示视频	
	（4）过程中遇到的问题及解决办法 问题： 解决办法：	
	（5）在课堂上汇报成果，同时分享自己的心得体会	
	（6）其他同学提问	

任务评价

各组成员结合课前、课中、课后的学习情况及任务完成情况，按照任务评价表中的评价标准进行自评、互评，请教师进行总体评价。

考核内容	评价标准	分值	评价得分		
			自评	互评	师评
知识、技能考核（70%）	能掌握绿茶玻璃杯冲泡法	10			
	能复述绿茶盖碗冲泡法	10			
	能阐述绿茶壶泡法	10			
	收集的资料真实、客观、全面	10			
	视频制作内容准确、完整，富有创意	15			
	动作展示标准、流畅，讲述清楚、生动	15			
德育、素养考核（30%）	课前积极收集绿茶冲泡方法的相关资料，并主动预习和复习本任务的知识	5			
	分工合理，任务准备工作做得充分	5			
	认真思考提问，积极参与课堂互动活动，并踊跃发表自己的看法	5			
	具有良好的团队精神和团队协作能力	10			
	任务单填写完整，字迹工整	5			
总评	自评（20%）＋互评（20%）＋师评（60%）＝	教师（签名）：			

项目自测

一、单项选择题

1.绿茶分为（　　）类。

A. 6　　　　　　　　B. 4　　　　　　　　C. 5

2.绿茶适合用（　　）℃温度的水冲泡。

A. 80～85　　　　　B. 70～75　　　　　C. 95～100

二、判断题

1.（　　）黄山毛峰产于安徽省著名的黄山境内，外形芽叶肥壮匀齐，白毫显露，形似雀舌，色似象牙，黄绿油润，叶金黄。

2.（　　）绿茶的基本初制工艺流程：摊放→杀青→揉捻（或不揉捻）→干燥。摊放是绿茶初制加工的第一道工艺。

三、实操练习

请展示绿茶的下投法冲泡表演。

项目五 红茶品鉴与冲泡

项目引言

　　红茶是世界上消费量最大的茶叶。近年来，国内大力发展红茶生产，红茶的汤色、香气、滋味口感更加迎合现在年轻人的消费习惯，其国内消费总量日益增加。目前，大学校园、商业街、公园周边随处可见生意兴隆的奶茶店。作为茶艺师不仅需要了解红茶的加工工艺，掌握我国主要红茶的种类及其品质特征；更需要掌握清饮红茶的冲泡技巧，以泡出甜香馥郁、滋味甜醇的茶汤；也需要根据现在年轻人的消费习惯，调制出各种色艳味美的红茶饮品，以促进红茶的消费。

学习目标

知识目标

1. 了解红茶的茶叶分类、品种、名称、基本特征等基础知识；

2. 了解红茶的冲泡器具及使用方法；

3. 了解红茶冲泡表演流程。

能力目标

1. 能够识别红茶中的中国主要名茶；

2. 能够进行红茶调饮；

3. 能够展示红茶生活茶艺。

素养目标

1. 培养学生不怕苦、不怕累的精神，对于茶艺冲泡技巧做到"精益求精，力求完美"，培育"工匠"精神；

2. 培养学生茶艺师的职业道德、团队合作能力、沟通能力、工作责任心和综合素质，更好地适应社会发展，实现自身发展。

☑ 任务清单

		学习任务清单	
		**完成一项学习任务后，请在对应的方框中打钩**	
课前预习	☐	准备学习用品，预习课本知识	
	☐	通过网络收集有关红茶基本特征和红茶的代表性名茶资料	
	☐	形成对红茶的初步印象，并与课本知识相互印证	
课堂学习	☐	了解红茶的分类、品种	
	☐	了解红茶的名称及特点	
	☐	了解红茶的初制工艺	
	☐	掌握红茶盖碗冲泡法	
	☐	了解红茶的调饮方法	
	☐	掌握红茶冲泡表演流程	
课后实践	☐	积极、认真地参与实训活动	
	☐	在实训中，与同学协调配合，提高人际交往能力和解决问题的能力	
	☐	提高茶艺素养，传承与弘扬中华茶文化	
		学习任务标准	
		完成一项学习任务后，请在对应的方框中打钩	
1+X 茶艺师国家职业技能等级标准	☐	红茶分类	
	☐	红茶冲泡器具使用方法	
	☐	红茶基本特征	
	☐	红茶冲泡流程	
中国茶艺水平评价规程	☐	掌握红茶冲泡基本手法	
	☐	能分辨红茶中的主要名茶	
	☐	盖碗使用要求与技巧	

工作任务一　红茶品鉴

◎ 任务导入

　　王浩今年放暑假的时候在市区商业街的"茶色"奶茶店做暑期工，他发现"茶色"奶茶店的生意相较于其他饮料店的生意并没有那么好，店里所卖的饮品种类很单一，而其他饮品店的种类较为丰富。因为是茶叶专业的学生，王浩记起在上专业课的时候，自已学过红茶调饮的技巧，于是，他用店里的红碎茶、低档红茶、牛奶、蜂蜜、柠檬、果汁粉等原料调制出各种奶茶和其他类型的调饮红茶，并装在小纸杯里端上街供大家免费试喝，结果大受欢迎。没几天，"茶色"奶茶店的生意一下就好了起来。如果你是王浩，可以给大家讲一讲红茶的种类和特点吗？

 **任务分析**

通过资料收集，了解红茶的特点、制作工艺及红茶的种类以及红茶的起源与发展过程。思考红茶的历史沿革、产区分布等。

知识准备

红茶介绍

一、红茶特点

红茶属于全发酵茶，因汤色、叶底均为红色而得名。中国、印度和斯里兰卡所产红茶最为有名。中国红茶汤色红艳、香气幽雅、口感清雅且涩味较少，比较适合泡饮原味的红茶。

二、红茶的初制工艺

红茶的基本初制工艺流程：萎凋→揉捻（或揉切）→发酵→干燥。

（1）萎凋：是鲜叶在常温或适度加温下长时间交替放置的过程。鲜叶摊放的厚度随着萎凋的进行由薄变厚。萎凋过程既有水分散失的物理变化，也有化学变化，促进茶叶中大分子物质转化成简单小分子物质，也为揉捻打下基础，对茶叶色、香、味的品质形成都有重要影响。

（2）揉捻：不仅是为了做形，更是为下一步发酵做准备，如果揉捻不充分，细胞内膜损伤少，多酚氧化酶与多酚类等物质无法充分接触，将导致发酵不足。

（3）发酵：是红茶加工中的关键工序。红茶发酵与食品加工中的微生物发酵并非一个概念。发酵过程中茶叶内多酚类物质在多酚氧化酶、过氧化物酶等作用下发生酶促氧化聚合反应，叶色逐渐转变为绿→绿黄→黄→黄红→红等，生成茶黄素、茶红素、茶褐素等物质，同时伴随着氨基酸、可溶性糖增加等一系列化学反应，为滋味和汤色品质形成奠定基础，发酵是红茶形成"红汤红叶"特征的重要工序。同时，挥发性化合物的转化，促进青臭味散失，使甜香、花果香显现。

（4）干燥：是为了及时制止发酵，固定品质。但在干燥前期，多酚类氧化还在进行，为了及时制止氧化反应，干燥分毛火和足火两个阶段。当毛火高温短时，足火低温长时，毛火抑制大量氧化反应，足火固定最终品质。

三、红茶的分类

红茶的主要品类根据加工工艺和品质特征不同，可分为小种红茶、工夫红茶和红碎茶。三类红茶的加工工艺如下所述。

（1）小种红茶：萎凋→揉捻→发酵→过红锅→复揉→烟焙。

（2）工夫红茶：萎凋→揉捻→发酵→烘干。

（3）红碎茶：萎凋→揉切→发酵→烘干。

四、红茶品鉴

红茶品鉴见表 5-1。

表 5-1　红茶品鉴

名称	产地	成品茶品质特征	图片
祁门工夫茶	主产安徽省祁门县，与其毗邻的石台、东至、黟县及贵池等县也有少量生产	条索紧结，细小如眉，苗秀显毫，色泽乌润；茶叶香气清香持久，似果香又似兰花香；茶汤和叶底颜色红艳明亮，口感鲜爽醇厚	
滇红工夫茶	产于云南省凤庆、临沧、双江、云县、昌宁、镇康等地	外形颗粒紧结，身骨重实，色泽调匀；内质冲泡后汤色红艳，金圈明显，香气馥郁，滋味鲜爽；叶底红亮	
宜红工夫茶	产于湖北宜昌、施恩五峰、宜都、鹤峰等地	外形颗粒重实；内质汤色红艳，香味强烈鲜爽、浓厚，堪称浓鲜皆备、色香味俱佳的优质产品	
正山小种	产地以桐木关为中心，另崇安、建阳、光泽三县交界处的高地茶园也有生产	外形紧结匀整，色泽铁青带褐，条形，重实、圆浑；叶底张嫩度柔软肥厚、整齐、发酵均匀，呈古铜色；茎长且细，深褐色；无花无果；每年的采摘时间在 6 月中下旬芒种前后	
坦洋工夫茶	产于福建省福安县坦洋乡	大叶种外形条索肥壮，色泽橙红，金毫多；小叶种外形条索细紧，色泽乌润	

任务分工

以4～6人为一个小组，各小组选出组长并进行任务分工，然后将分工情况填入表中。

班级		组号		指导教师	
小组成员	姓名	学号		任务分工	
组长					
组员					

任务实施

按照工作计划开展活动，然后将具体的实施情况记录在表格中。

班级：	组号：	组长：
时间安排	实施步骤	
	（1）进行资料收集与汇总 红茶的特点： 红茶的初制工艺： 红茶的分类：	
	（2）讨论并分析资料	
	（3）书写汇总报告，制作思维导图	
	（4）过程中遇到的问题及解决办法 问题： 解决办法：	
	（5）在课堂上汇报成果，同时分享自己的心得体会	
	（6）其他同学提问	

任务评价

各组成员结合课前、课中、课后的学习情况及任务完成情况，按照任务评价表中的评价标准进行自评、互评，请教师进行总体评价。

考核内容	评价标准	分值	评价得分		
			自评	互评	师评
知识、技能考核（70%）	能掌握红茶的特点	10			
	能复述红茶的初制工艺	10			
	能阐述红茶的分类	10			
	收集的资料真实、客观、全面	10			
	思维导图制作内容准确、完整，富有创意	15			
	任务讲解标准、流利，讲述清楚、生动	15			
德育、素养考核（30%）	课前积极收集红茶特点及分类的相关资料，并主动预习和复习本任务的知识	5			
	分工合理，任务准备工作做得充分	5			
	认真思考提问，积极参与课堂互动活动，并踊跃发表自己的看法	5			
	具有良好的团队精神和团队协作能力	10			
	任务单填写完整，字迹工整	5			
总评	自评（20%）＋互评（20%）＋师评（60%）＝	教师（签名）：			

工作任务二　红茶冲泡

任务导入

王浩的成功在于他细心观察、比较，发现了消费者的喜好，并结合自己的专业知识，利用掌握的红茶调饮技巧配制出了大受欢迎的红茶饮品。那么，红茶都有哪些调饮法？在冲泡时都需要注意什么问题呢？

任务分析

通过资料收集，掌握红茶的冲泡法，了解红茶的价值功能和禁忌。

知识准备

红茶的品饮主要有清饮法和调饮法两种。清饮法即茶汤中不加任何调料，使茶发挥本身固有的香气和滋味。调饮法是指在红茶中加入牛奶、糖、柠檬汁、蜂蜜、香槟酒等辅料，以佐茶汤滋味。采用调饮法调出的红茶，其口感和风味各异。

一、清饮法

红茶的清饮法主要有盖碗泡法和壶泡法两种。

红茶冲泡

（一）盖碗泡法

红茶的盖碗泡法冲泡程式如下。

（1）备具。准备泡茶用具，包括盖碗（可选用150 mL的盖碗）、公道杯、滤网、滤网架、品茗杯（依据品茗人数而定）、杯托、茶叶罐、煮水器、茶荷、茶匙、茶巾、水方等（图5-1）。

（2）行礼。向宾客行礼，以示尊敬（图5-2）。

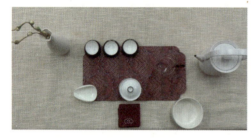

图5-1　备具（红茶）　　　　图5-2　行礼（红茶）

（3）温碗。用热水温热盖碗，随后将水倒入公道杯中（图5-3）。

（4）温公道杯。用热水温热公道杯，随后将水倒入品茗杯中（图5-4）。

图5-3　温碗（红茶）　　　　图5-4　温公道杯（红茶）

（5）置茶。将3 g左右的茶叶倒入盖碗中（图5-5）。

（6）冲泡。提壶定点高冲，注入盖碗中90℃的开水（图5-6）。

（7）温杯。将公道杯中的热水（温碗时倒入）倒入品茗杯中，温热茶杯。随后，依次将品茗杯中的水倒入水方中（图5-7）。

图 5-5　置茶（红茶）　　　图 5-6　冲泡（红茶）　　　图 5-7　温杯（红茶）

（8）分茶。使碗与盖之间留一条缝隙，然后端起盖碗轻轻摇晃使茶汤的浓度均匀，之后将茶汤倒入公道杯中，再一一倾倒入杯（图 5-8）。

（9）奉茶。双手拿起杯托，恭敬地将红茶敬奉给宾客（图 5-9）。

图 5-8　分茶（红茶）　　　　图 5-9　奉茶（红茶）

（二）壶泡法

红茶的壶泡法冲泡流程如下。

（1）备具。准备泡茶用具，包括茶壶（紫砂壶、玻璃壶、瓷壶均可）、公道杯、品茗杯、茶叶罐、茶荷、茶匙、煮水器、茶巾、水方等。

（2）赏茶。将干茶置于茶荷中，供宾客鉴赏。

（3）温壶。用热水温热茶壶。轻轻摇动，随后将水倒入水方中。

（4）置茶。将 3 g 左右的茶叶轻轻拨入茶壶中。

（5）冲泡。将 90 ℃的热水注入茶壶中。盖上壶盖静置。

（6）温杯。先将公道杯里的热水（温壶时倒入）倒入茶杯，用右手持杯轻轻摇动，使杯子充分接触热水。然后，将茶杯中的水倒入水方。

（7）分茶。先将茶壶里的茶汤倒入公道杯，再将公道杯中的茶汤斟入品茗杯中。

（8）奉茶。将茶杯置于宾客方便拿取的位置，并请宾客品茶。

（9）品饮。缓缓啜饮，细细品味，在徐徐体察和欣赏之中，品出红茶的醇味，领会品饮红茶的真趣。

二、调饮法

红茶的调饮泡法流程如下。

（1）备具。准备泡茶用具，包括茶壶（可使用紫砂壶、玻璃壶、瓷壶）、公道杯、品茗杯（数量根据品茗人数而定）、羹匙、滤网、茶叶罐、茶荷、煮水器、茶巾、水方等。

（2）赏茶。将干茶置于茶荷中，供宾客闻香品鉴。

（3）温壶。用热水温壶，随后将水倒入水方中。

（4）置茶。用茶匙将茶荷中的茶轻轻拨入茶壶中，根据壶的大小，红条茶和水的比例为 1∶50，红碎茶和水的比例为 1∶70。

（5）冲泡。将热水注入茶壶中，水温以 70 ～ 80 ℃为宜。

（6）温杯。将公道杯中的热水（温时倒入）倒入品茗杯中，温热茶杯。

（7）分茶。茶汤静置 3 ～ 5 分钟，手提茶壶轻轻晃动，待茶汤浓度均匀后倒入公道杯中，再采用循环倾注法——倾注入杯，随即加入调味品，如牛奶和糖，或者柠檬片、蜂蜜。调味品的多少，依据每位宾客的口味而定。

（8）奉茶。面带笑容，持杯托向每位宾客奉茶，杯托上须放一个羹匙，宾客用其搅拌茶汤。

（9）品茶。调饮泡法冲泡的红茶多姿多彩，风味各异。品饮时，注意体会其较清饮更加层次丰富的口感。

任务分工

以 4 ～ 6 人为一个小组，各小组选出组长并进行任务分工，然后将分工情况填入表中。

班级		组号		指导教师	
小组成员	姓名	学号		任务分工	
组长					
组员					

任务实施

按照工作计划开展活动，然后将具体的实施情况记录在表格中。

班级：	组号：	组长：
时间安排	**实施步骤**	
	（1）进行资料收集与汇总 红茶清饮方法： 红茶的调饮方法： 红茶冲泡流程：	
	（2）讨论并分析资料	
	（3）讨论冲泡流程，录制展示视频	
	（4）过程中遇到的问题及解决方法 问题： 解决办法：	
	（5）在课堂上汇报成果，同时分享自己的心得体会	
	（6）其他同学提问	

任务评价

各组成员结合课前、课中、课后的学习情况及任务完成情况，按照任务评价表中的评价标准进行自评、互评，请教师进行总体评价。

考核内容	评价标准	分值	评价得分		
			自评	互评	师评
知识、技能 考核 （70%）	能掌握红茶清饮方法	10			
	能复述红茶调饮法	10			
	能进行红茶的冲泡表演	10			
	收集的资料真实、客观、全面	10			
	视频制作内容准确、完整，富有创意	15			
	冲泡展示动作标准、流畅，讲述清楚、生动	15			

续表

考核内容	评价标准	分值	评价得分		
			自评	互评	师评
德育、素养考核（30%）	课前积极收集红茶冲泡的相关资料，并主动预习和复习本任务的知识	5			
	分工合理，任务准备工作做得充分	5			
	认真思考提问，积极参与课堂互动活动，并踊跃发表自己的看法	5			
	具有良好的团队精神和团队协作能力	10			
	任务单填写完整，字迹工整	5			
总评	自评（20%）＋互评（20%）＋师评（60%）＝		教师（签名）：		

项目自测

一、单项选择题

1. 红茶分为（　　）类。

    A. 5 　　　　　　B. 6 　　　　　　　　C. 4

2. 红茶适合用（　　）℃的水冲泡。

    A. 80～85 　　　B. 70～75 　　　　　C. 90～100

二、判断题

1. （　　）坦洋工夫茶产于福建省福安县坦洋乡。

2. （　　）红茶的制作工艺没有晒青这道工序。

三、简答题

1. 工夫红茶的加工工序是什么？

2. 红碎茶的加工工序是什么？

项目六 青茶品鉴与冲泡

项目引言 ●

人们日常所说的乌龙茶指的是青茶这一大类茶，除此之外，乌龙茶也可指茶树品种或是青茶中的一类茶叶（乌龙）。目前，乌龙茶已不仅是福建、广东、台湾地区人们的饮品，日本近年来也兴起了乌龙茶热，各种乌龙茶饮料不断面世，而在内陆地区，乌龙茶凭借其馥郁的花果香气、醇和回甘的口感赢得了众多年轻朋友的喜欢，销量不断上升。

学习目标

知识目标

1. 了解青茶的茶叶分类、品种、名称、基本特征等基础知识；

2. 了解青茶的冲泡器具及使用方法；

3. 了解青茶冲泡表演流程。

能力目标

1. 能够识别青茶中的中国主要名茶；

2. 能够进行青茶调饮；

3. 能够展示青茶生活茶艺。

素养目标

1. 弘扬爱国主义精神、坚定理想信念、增强民族自豪感，鼓励学生为中华民族伟大复兴、实现中国梦贡献自己的力量；

2. 重视学生实践、激发学生兴趣，培养学生的创新意识，使其分析问题、解决问题的能力不断提高。

任务清单

学习任务清单		
完成一项学习任务后，请在对应的方框中打钩		
课前预习	☐	准备学习用品，预习课本知识
	☐	通过网络收集有关青茶的基本特征和青茶的代表性名茶资料
	☐	形成对青茶的初步印象，并与课本知识相互印证
课堂学习	☐	了解青茶的分类、品种
	☐	了解青茶的名称及特点
	☐	了解青茶的初制工艺
	☐	掌握青茶传统功夫冲泡法
	☐	了解青茶的双杯泡法
	☐	掌握青茶冲泡表演流程
课后实践	☐	积极、认真地参与实训活动
	☐	在实训中，与同学协调配合，提高人际交往能力和解决问题的能力
	☐	提高茶艺素养，传承与弘扬中华茶文化
学习任务标准		
完成一项学习任务后，请在对应的方框中打钩		
1+X 茶艺师国家职业技能等级标准	☐	青茶分类
	☐	青茶冲泡器具使用方法
	☐	青茶基本特征
	☐	青茶冲泡流程
中国茶艺水平评价规程	☐	掌握青茶冲泡基本手法
	☐	能分辨青茶中的主要名茶
	☐	能够介绍青茶的品饮方法

工作任务一 青茶品鉴

任务导入

　　世界 500 强企业正大集团在雅安市名山区开办了正大茶叶有限公司，主要从事乌龙茶的加工、销售。小雨是该公司茶叶展厅的茶艺师。一天，展厅来了一大批省里来厂视察的客人，公司主管让小雨为客人们奉上正大高山乌龙，小雨因为刚进厂工作，对业务不太熟悉，结果选择了正山小种，公司主管发现后，感觉很吃惊。如果你是小雨，你知道如何正确地选择青茶吗？青茶都有哪些品种呢？

任务分析

通过资料收集，了解青茶的特点及分类，掌握青茶的制作工艺、发展历史。

青茶介绍

一、青茶（乌龙茶）的特点

乌龙茶又称青茶，是我国特有的茶叶品类之一，起源于明末清初的福建一带，据考证，武夷岩茶是乌龙茶的始祖。当今，我国乌龙茶的主要产区包括福建、广东、台湾三省，产量占全国乌龙茶的98%，尤以福建乌龙茶最为突出。乌龙茶属于半发酵茶类，品类花色众多，大多以茶树品种命名，根据出产地域可划分为闽北乌龙、闽南乌龙、广东乌龙及台湾乌龙四大类。虽然其品质特性各有不同，但存在一定共性，即外形粗壮紧实，色泽青褐油润，花果香馥郁，滋味醇厚，叶底呈现青色红边，明显有别于其他五大茶类。

二、青茶（乌龙茶）的初制工艺

青茶的基本初制工艺流程：萎凋→做青（摇青与晾青反复交替进行）→杀青→揉捻→烘焙。

（1）萎凋：是青茶加工的第一步，其目的是降低鲜叶含水量，促进酶的活性和叶内成分的化学变化，进一步散发青气，为做青阶段做准备。萎凋至叶面失去光泽，梗弯而不断，手捏富有弹性即可。萎凋按方式不同可分为自然萎凋、日光萎凋和控温萎凋三种。自然萎凋是将鲜叶静置于室内，均匀摊放3～6小时，控制鲜叶失水率为10%～15%。日光萎凋需利用早上或傍晚的阳光进行2～3次翻晒，并结合晾青交替进行，促使水分均匀散失。控温萎凋适用于阴雨天的鲜叶加工，提高萎凋的环境温度，促进水分加速散失。

（2）做青：是青茶加工独有的工艺。做青为摇青和晾青反复交替进行的过程。摇青是指通过外力使青叶进行跳动、旋转和摩擦等规律运动，让青叶外缘组织受到机械损伤的过程，其目的是促进内含物的酶促氧化等系列反应；而晾青则是在室内或阳光下静置处理，使青叶水分进一步降低，有利于茶青的嫩茎向叶面输送水分等物质。摇青和晾青反复交替进行可促进青茶形成香高、味醇的优良品质。

（3）杀青：是为了固定做青形成的品质，且进一步散发青气，提升茶香，同时减少茶叶水分含量，使叶张柔软，有利于揉捻成形。

（4）揉捻：其原理与其他茶类类似，但不同品类青茶揉捻程度不同，有揉捻程度较轻的闽北乌龙茶与广东乌龙茶，而闽南乌龙茶采用包揉工艺，其揉捻程度较重。颗粒型乌龙茶需要进行包揉工艺，包含包揉（压揉）、松包解团、初烘、复包揉（复压揉）、定型等工序。机械包揉使用包揉机、速包机和松包机配合反复进行，历时 3～4 小时。

（5）烘焙：其工艺原理与干燥相同，但与其他茶类的干燥工艺有一定不同，其主要区别在于耗时长、温度稍低及次数多等，有利于青茶香高味醇品质的进一步形成。

三、青茶（乌龙茶）的主要品类

青茶产品形式多样，产区分布较为集中，目前根据主要产地可以分为闽北青茶、闽南青茶、广东青茶和台湾青茶四类。

四类青茶的加工工艺如下。

闽北青茶：萎凋→做青→杀青→揉捻→烘焙。

闽南青茶：萎凋→轻度做青→杀青→揉捻→包揉或压制→烘焙。

广东青茶：萎凋→做青→杀青→揉捻→烘焙。

台湾青茶：萎凋→做青→杀青→揉捻或包揉→烘焙。

四、青茶品鉴

青茶品鉴见表 6-1。

表 6-1　青茶品鉴

名称	产地	成品茶品质特征	图片
安溪铁观音	为中国十大名茶之一，原产于福建省的安溪县	茶条索卷曲、肥壮圆结，沉重匀整，有的形如秤钩，有的状似蜻蜓头；色泽砂绿鲜润；茶叶冲泡展开后叶底肥厚明亮，具有绸面般的光泽；汤色金黄，浓艳清澈；滋味醇厚鲜爽，入口回甘带蜜味，香气馥郁持久，有"七泡有余香"之誉	
凤凰单丛	为广东省潮州市潮安区特产	凤凰单丛茶成茶素有"形美、色翠、香郁、味甘"四绝。挺直肥硕油润的外形特色；优雅清高的自然花香气；浓郁、甘醇、爽口、回甘的滋味；橙黄清澈明亮的汤色；青蒂绿腹红镶边的叶底和极耐冲泡的底力，构成凤凰单丛茶特有的色、香、味特点	

名称	产地	成品茶品质特征	图片
大红袍	产于福建武夷山	外形条索紧结，色泽绿褐鲜润，冲泡后汤色橙黄明亮，叶片红绿相间。品质最突出之处是香气馥郁，有兰花香，香高而持久，"岩韵"明显	
冻顶乌龙	产于中国台湾鹿谷乡凤凰村、永隆村、彰雅村（冻顶巷），茶区海拔为600～1 000米	茶叶成半球状，色泽墨绿，边缘隐隐金黄色。冲泡后，茶汤金黄，偏琥珀色，带熟果香或浓花香，味醇厚甘润，喉韵回甘十足，带明显焙火韵味	
白毫乌龙（东方美人）	主要产地在中国台湾的新竹、苗栗一带，近年台北坪林、石碇一带也是新兴产区	东方美人茶是我国台湾地区独有的名茶，别名膨风茶，因其茶芽白毫显著，又名为白毫乌龙茶，是半发酵青茶中，发酵程度最重的茶品，一般的发酵度为60%，有些则多达75%~85%，故不会产生任何生菁臭味，且不苦不涩	

📍 任务分工

以4～6人为一个小组，各小组选出组长并进行任务分工，然后将分工情况填入表中。

班级		组号		指导教师	
小组成员	姓名	学号		任务分工	
组长					
组员					

任务实施

按照工作计划开展活动，然后将具体的实施情况记录在表格中。

班级：	组号：	组长：
时间安排	**实施步骤**	
	（1）进行资料收集与汇总 青茶（乌龙茶）的特点： 青茶（乌龙茶）的初制工艺： 青茶（乌龙茶）的主要品类：	
	（2）讨论并分析资料	
	（3）书写汇总报告，制作思维导图	
	（4）过程中遇到的问题及解决办法 问题： 解决办法：	
	（5）在课堂上汇报成果，同时分享自己的心得体会	
	（6）其他同学提问	

任务评价

各组成员结合课前、课中、课后的学习情况及任务完成情况，按照任务评价表中的评价标准进行自评、互评，请教师进行总体评价。

考核内容	评价标准	分值	评价得分		
			自评	互评	师评
知识、技能考核（70%）	能掌握青茶（乌龙茶）的特点	10			
	能复述青茶（乌龙茶）的初制工艺	10			
	能阐述青茶（乌龙茶）的分类	10			
	收集的资料真实、客观、全面	10			
	思维导图制作内容准确、完整，富有创意	15			
	任务讲解标准、流利，讲述清楚、生动	15			

续表

考核内容	评价标准	分值	评价得分		
			自评	互评	师评
德育、素养考核（30%）	课前积极收集青茶（乌龙茶）特点的相关资料，并主动预习和复习本任务的知识	5			
	分工合理，任务准备工作做得充分	5			
	认真思考提问，积极参与课堂互动活动，并踊跃发表自己的看法	5			
	具有良好的团队精神和团队协作能力	10			
	任务单填写完整，字迹工整	5			
总评	自评（20%）+互评（20%）+师评（60%）=	教师（签名）：			

工作任务二　青茶冲泡

任务导入

小雨在公司主管的帮助下，选择了正确的乌龙茶。在冲泡时，她选择的茶具是紫砂壶，当客人们品味茶汤的时候，发现杯里的汤色黄暗，滋味较为苦涩刺激，因而对正大产品的印象大打折扣。事后，小雨也因此被领导严厉地批评了一顿。你知道小雨为什么被批评吗？请帮助她选择正确的冲泡方法吧。

任务分析

通过资料收集，了解青茶的冲泡方法，掌握青茶的冲泡流程，思考青茶冲泡时的技巧有哪些。

知识准备

青茶的冲泡以工夫茶为代表。工夫茶是一种泡茶的技法，起源于宋代，在广东的潮州府（今潮汕地区）及福建的漳州、泉州一带最为盛行。其泡茶方式极为讲究，包含了许多沏泡的学问和品饮的功夫，苏辙有诗曰："君视闽中茶品天下高，倾身事茶不知劳。"

工夫茶讲究选茶、用水、茶具、冲法和品味。茶叶要形、味、色俱佳；烹茶用水要洁净、甘醇，以山泉为上，江水为中，井水为下；盛茶器皿要精致，以"烹茶四宝"为佳；泡茶讲究"高冲低洒、刮沫淋罐、关公巡城、韩信点兵"的手艺；品茶除讲究色、香、味外，还讲究"喉底韵味"等。而饮茶的程序和礼仪更是繁复。例如，茶冲好后，冲茶者要顺手势先拿旁边的一盅，最后的人才拿中间一盅；如果喝茶过程中又来了尊贵的客人，就要撤换茶叶重新冲茶等。

茶人茶语

烹茶四宝

玉书碨、潮汕炉、孟臣罐、若琛瓯并称为工夫茶之"烹茶四宝"，缺一不美，相得益彰。

玉书碨又名砂铫，是一种长柄陶壶，用于烧水，容量约0.5斤，水沸时，其盖必"噗噗"作响，今多改用不锈钢或玻璃壶。潮汕炉是一种烧水用的火炉，小巧玲珑，以木炭作为燃料，现基本都以电磁炉替代。孟臣罐是一种紫砂茶壶，产自江苏宜兴，以小为贵，壶底多刻有诗句，配"孟臣"（孟臣即惠孟臣，明末清初著名壶匠）铭文。若琛瓯（若琛也取自人名，其所制茶具十分有名）是一种白瓷翻口小杯，外面通常绘有花纹，以"小、浅、薄、白"为特色，即小则一饮而尽，浅则不留茶底，薄如纸，白似雪（图6-1）。

与潮汕风炉搭配使用的煮水器具，砖红色，扁形，容积200多毫升，以产于广东潮安的最有名，能耐冷热急变，便于观察水的变化，至今也是煮水利器。

形如截筒，高约一尺二三寸，以细白泥为之，正宗的茶炉非潮汕红泥小火炉莫属。在没有电炉的年代，潮汕炉仍旧存在，即使是电炉大行其道的现代，急火烹着即将令茶浴火重重的水。

又叫"孟臣罐""孟公壶"，得名于其创作者——宜兴的惠孟臣。孟臣善制小壶，孟臣壶小如香橼，容水约50毫升，至今泡饮乌龙茶仍首推孟臣小壶。

又叫"若琛杯"，白瓷小杯。相传为清代江西景德镇烧瓷名匠若琛所作，为白色翻口小杯，杯底书"若琛珍藏"款。

图6-1　烹茶四宝

一、传统工夫茶冲泡法

传统工夫茶以闽南工夫茶（也称福建工夫茶）和潮汕工夫茶（也称潮州工夫茶）为代表，所用茶具精致小巧，烹制考究，讲究以茶寄情，是中国汉族茶文化中的瑰宝。

传统工夫茶的冲泡工序十分讲究，其主要过程如下。

（1）备具。准备泡茶用具，包括烧水炉具、盖碗、茶杯、茶壶、辅助茶具等。注意茶杯应呈"品"字形摆放。

（2）赏茶。用茶匙将茶叶轻轻拨入茶荷内，供客人观赏。

（3）温具。冷壶不利于茶香发散，因此应先将煮好的水注入茶壶中，使其内外充分受热。

（4）置茶。将适量的茶叶倾入茶壶中。投放的茶叶量应依据壶的大小来量度，大约为茶壶的1/3。

（5）洗茶。将沸水沿壶边冲入壶中，切忌直冲壶心，中间不能间断。首次冲泡的茶汤不喝，可将其冲淋茶杯，以使杯底留香。

（6）冲泡。提壶高冲，往壶中注水。等茶叶白沫浮出壶面时，停止注水，用壶盖平刮壶口的茶沫。然后盖好壶盖，再以沸水淋壶，谓之淋罐。淋罐可以去除壶身的散坠浮沫，还可以使壶外受热，使香味充盈壶中。

（7）洗杯。在淋罐之后，将茶壶静置一会儿，以使茶汤入味。在静置的同时，用右手三指（右手的拇指、食指、中指）将品茗杯依次进行滚杯，以使杯身均匀受热。最后，把杯中水倒掉。

（8）分茶入杯。端起茶壶，依次循回往各杯低斟茶汤。洒茶讲究"低、快、匀、尽"的手法。"低"就是"高冲低洒"的"低"，洒茶与冲水相反，高则香味散失、泡沫四起，既不雅观又不尊重客人。"快"就是动作要快，使香味不散失，且可保持茶的热度。"匀"是保持各个茶杯必须轮流、均匀地承茶，这个过程也叫作"关公巡城"；当壶中茶水剩少许后，则往各杯点斟茶水，以使每个茶杯中的茶汤色、味均匀，此过程叫作"韩信点兵"。"尽"就是在洒完茶后，要把茶壶倒过来，覆放在茶垫上，不让余水留在壶中。

（9）奉茶。恭敬地请客人品茶。

（10）品茶。客人品饮时，要闻香、啜味、审韵，即先闻茶汤的香气；再分三口啜饮其味，一口为喝，二口为饮，三口为品，啜完三口后，把茶杯中余下的少许茶汤倒入茶盘，冷闻杯底，赏杯中韵香。

茶人茶语 🍵

乌龙茶冲泡的注意事项

（1）冲泡时要注意高冲、低斟。高冲即悬壶定点高冲，利用沸水的急速冲力使茶叶在壶内充分翻滚，使茶叶的香气和滋味得到很好的发挥；低斟可以防止茶汤温度的降低和香味的散发。

（2）茶壶的壶口要避免直接对着客人和茶艺师。

二、乌龙茶双杯泡法

乌龙茶双杯泡法与传统工夫茶冲泡法的最主要区别在于茶具。为了更好地欣赏茶的色泽与香味，乌龙茶双杯泡法增加了闻香杯，并与茶杯配套使用。闻香杯的杯体又细又高，可以将茶汤散发出来的香气笼住，使香味更浓烈。

除闻香杯外，乌龙茶双杯泡法还经常用到公道杯。在泡好茶之后，斟入茶杯之前，会先将茶壶中的茶汤注入公道杯，再从公道杯中将茶汤倒入各茶杯中，使倒入每一杯中的茶汤浓度均匀，体现出公平、合理的茶道精神。闻香杯与公道杯的使用，使其冲泡过程与传统工夫茶相比，有了一定的改变。

乌龙茶双杯泡法的主要冲泡步骤如下。

（1）备具。除传统茶具外，增加了闻香杯（图6-2）。

（2）赏茶。将适量的茶叶倾倒入茶荷中，请客人观赏茶叶（图6-3）。

图6-2 备具（乌龙茶）　　　　　　　图6-3 赏茶（乌龙茶）

（3）温具。用沸水温热茶壶，提高壶体温度。再将茶壶内的热水倒入杯中（图6-4）。

图6-4 温具（乌龙茶）

（4）投茶。将茶叶投放入茶壶中，投放的茶叶量应依据壶的大小来量度，大约为茶壶的1/3（图6-5）。

（5）冲泡。提壶高冲，往壶中注满水后，将茶壶静置一会儿（图6-6）。

（6）洗闻香杯。将闻香杯中的水倒在紫砂壶上，温热闻香杯（图6-7）。

（7）洗品茗杯。温热品茗杯后，将杯中的水倒掉（图6-8）。

（8）分茶入杯。将茶壶中的茶汤倒入公道杯中，再均匀地斟入每个闻香杯中，斟至八分满即可（图6-9）。

图 6-5　置茶（乌龙茶）

图 6-6　冲泡（乌龙茶）

图 6-7　洗闻香杯（乌龙茶）

图 6-8　洗品茗杯（乌龙茶）

图 6-9　分茶入杯（乌龙茶）

（9）品茗。将品茗杯倒扣在闻香杯上，用大拇指和中指扣住品茗杯和闻香杯，翻转，使闻香杯中的茶汤倒入品茗杯中。然后，将闻香杯慢慢转动、轻轻提起，再用双手搓动闻香杯，深深嗅闻，感受茶的清香。随后观察茶汤汤色，品茶（图 6-10）。

图 6-10　品茗（乌龙茶）

任务分工

以 4～6 人为一个小组，各小组选出组长并进行任务分工，然后将分工情况填入表中。

乌龙茶冲泡技法

班级		组号		指导教师	
小组成员	**姓名**	**学号**		**任务分工**	
组长					
组员					

任务实施

按照工作计划开展活动，然后将具体的实施情况记录在表格中。

班级：	组号：	组长：
时间安排	**实施步骤**	
	（1）进行资料收集与汇总 青茶（乌龙茶）传统工夫茶冲泡法： 青茶（乌龙茶）双杯泡法： 青茶（乌龙茶）的冲泡流程：	
	（2）讨论并分析资料	
	（3）讨论冲泡方法，制作展示视频	
	（4）过程中遇到的问题及解决办法 问题： 解决办法：	
	（5）在课堂上汇报成果，同时分享自己的心得体会	
	（6）其他同学提问	

任务评价

　　各组成员结合课前、课中、课后的学习情况及任务完成情况，按照任务评价表中的评价标准进行自评、互评，请教师进行总体评价。

考核内容	评价标准	分值	评价得分		
			自评	互评	师评
知识、技能考核（70%）	能掌握青茶（乌龙茶）冲泡流程	10			
	能复述传统工夫茶冲泡法	10			
	能阐述乌龙茶双杯泡法	10			
	收集的资料真实、客观、全面	10			
	视频制作内容准确、完整，富有创意	15			
	冲泡展示动作标准、流畅，讲述清楚、生动	15			
德育、素养考核（30%）	课前积极收集青茶（乌龙茶）冲泡方法的相关资料，并主动预习和复习本任务的知识	5			
	分工合理，任务准备工作做得充分	5			
	认真思考提问，积极参与课堂互动活动，并踊跃发表自己的看法	5			
	具有良好的团队精神和团队协作能力	10			
	任务单填写完整，字迹工整	5			
总评	自评（20%）＋互评（20%）＋师评（60%）＝	教师（签名）：			

项目自测

一、单项选择题

1.青茶又称（　　　）。

　　A.红茶　　　　　　B.绿茶　　　　　　　C.乌龙茶

2.乌龙茶品饮时，要缓缓提起茶杯，先观汤色，再闻其香，后品其味，一般是（　　　）。

　　A.一口见底　　　B.二口见底　　　　C.三口见底　　　　　D.四口见底

二、判断题

1.（　　　）乌龙茶又称青茶，属于半发酵茶。

2.（　　　）铁罗汉属于乌龙茶类。

三、简答题

简述青茶的加工工序。

四、实操练习

请展示乌龙茶双杯泡法。

项目七　黑茶品鉴与冲泡

项目引言 ●

黑茶属于后发酵茶，是我国特有的茶类，生产历史悠久，以制成紧压边销茶为主。提起黑茶，人们都认为其起源于唐宋茶马交易，直至1972年，长沙马王堆汉墓一号墓、三号墓出土有"一笥"竹简，经考证，即为茶一箱，箱内黑色颗粒状实物用显微镜切片被确认为安化黑茶。马王堆黑茶的出现将黑茶历史向前推进了900多年，距今已有2000多年的历史了。

学习目标

知识目标

1. 了解黑茶的茶叶分类、品种、名称、基本特征等基础知识；
2. 了解黑茶的冲泡器具及使用方法；
3. 了解黑茶冲泡表演流程。

能力目标

1. 能够识别黑茶中的中国主要名茶；
2. 能够展示黑茶生活茶艺。

素养目标

1. 养成行茶礼仪素养、茶艺大师的"工匠"精神；
2. 提升学生团队协作、提高沟通能力、工作中守法意识、诚实守信的观念。

✅ 任务清单

学习任务清单		
完成一项学习任务后，请在对应的方框中打钩		
课前预习	☐	准备学习用品，预习课本知识
	☐	通过网络收集有关黑茶的基本特征和黑茶的代表性名茶资料
	☐	形成对黑茶冲泡流程的初步印象，并与课本知识相互印证
课堂学习	☐	了解黑茶的分类、品种
	☐	了解黑茶的名称及特点
	☐	了解黑茶的初制工艺
	☐	掌握黑茶冲泡法
	☐	了解黑茶的烹煮法
	☐	掌握黑茶冲泡表演流程
课后实践	☐	积极、认真地参与实训活动
	☐	在实训中，与同学协调配合，提高人际交往能力和解决问题的能力
	☐	提高茶艺素养，传承与弘扬中华茶文化
学习任务标准		
完成一项学习任务后，请在对应的方框中打钩		
1+X茶艺师国家职业技能等级标准	☐	黑茶分类
	☐	黑茶冲泡器具使用方法
	☐	黑茶基本特征
	☐	黑茶冲泡流程
中国茶艺水平评价规程	☐	掌握黑茶冲泡基本手法
	☐	能分辨黑茶中的主要名茶
	☐	能介绍黑茶的品饮方法

工作任务一　黑茶品鉴

📍 任务导入

　　2020年以来，陈灿（一位"网红县长"）利用抖音平台直播带货，推广安化黑茶，他将高校学人、地方官员、带货达人3种身份融为一体，开辟了一条信息化扶贫助农的新路径，赢得了安化干部群众的普遍赞誉。这让他荣获2020年全国脱贫攻坚奖创新奖。那么你知道安化黑茶的历史和文化吗？如果由你来直播推广黑茶，你了解它们吗？

通过资料收集，了解黑茶的特点、产地、区域文化，以及黑茶的代表品种。

黑茶介绍

一、黑茶的特点

黑茶也是我国的特色茶类之一，更是边疆少数民族的生活必需品，对于他们而言，"宁可三日无食，不可一日无茶"。近年来，随着人民生活水平的提高，以及大众对茶叶保健功能的了解，黑茶的消费需求逐年提高。当前，我国黑茶年产量约占所有茶类年产量的10%，超越红茶和青茶，成为仅次于绿茶的第二大茶类。

我国黑茶品类繁多，根据主要生产区域可分为湖南黑茶、四川黑茶、湖北黑茶、云南黑茶和广西黑茶五大类。

（1）湖南黑茶：以千两茶、茯茶为代表，外形条索尚紧、圆直，色泽黑润；内质香气纯正，具松烟香，汤色橙黄，滋味醇和，叶底黄褐。

（2）四川黑茶：分为南路边茶和西路边茶两大类。南路边茶以康砖和金尖为代表，外观呈砖形，砖面平整，洒面均匀，松紧适度，无起层脱面，色泽棕褐油润，如"猪肝色"；内质香气纯正，具老茶香，汤色黄红明亮，滋味醇和，叶底粗老呈棕褐色。西路边茶以茯砖为代表，砖形完整，松紧适度，色泽黄褐有金花；内质香气纯正，汤色红亮，滋味醇和，叶底棕褐。

（3）湖北黑茶：以老青砖为代表，砖块呈长方形，色泽青褐，内质香气纯正、无青气，汤色深黄红尚亮，滋味纯正，叶底暗褐，呈"猪肝色"。

（4）云南黑茶：以普洱茶熟茶为代表，其散茶外形条索肥壮、重实，色泽褐红，呈"猪肝色"；内质香气陈香突出，汤色红浓明亮，滋味醇厚回甘，叶底褐红。

（5）广西黑茶：以六堡茶最为突出，其干茶外形条索粗壮，色泽黑润；内质香气陈醇，有松烟香，汤色红浓明亮，滋味甘醇，具有特殊松烟味和槟榔味，叶底铜褐。

二、黑茶的初制工艺

黑茶产区分布较广，在生产工艺上也有所不同。黑茶是由黑毛茶经渥堆、干燥形成的成品茶。黑茶的加工分两个阶段：一是黑毛茶的加工；二是黑茶成品茶的加工。

黑茶的基本初制工艺流程如下。

干燥前渥堆：杀青→揉捻→渥堆→干燥。

干燥后渥堆：杀青→揉捻→干燥→渥堆→干燥。

渥堆是黑茶加工独有的工艺，也是形成黑茶品质特征的关键工艺。渥堆工艺原理主要有湿热作用和微生物参与反应。例如，普洱茶（熟茶）加工属于干燥后渥堆工艺，其渥堆时间长达数十天，在其渥堆后期有微生物参与反应，促进了普洱茶（熟茶）品质风味的形成。渥堆工艺过程是茶叶经过长时间高温、高湿的堆放处理，以多酚类非酶促氧化为主，单糖和氨基酸含量增加，同时也有微生物参与，促使内含物发生一系列复杂的化学变化，并产生一些有色物质，所以在渥堆过程中要保障氧气供应，不能渥堆过紧，需要适时翻堆，以防茶叶酸馊变质。

三、黑茶的主要品类

黑毛茶是制作黑茶成品茶的原料。黑毛茶可用于再加工，生产成外形和包装各异的再加工茶——紧压茶，如压制成砖茶、沱茶，紧压包装的篓装茶、花卷茶等。各个黑茶产区的产品工艺有所不同，也可根据黑茶产区将黑茶分为湖南黑茶、云南普洱熟茶、四川边茶、湖北老青茶和广西六堡茶等。

各种黑茶的加工流程如下。

（1）湖南黑茶：杀青→揉捻→渥堆→复揉→干燥→拣剔→存放→包装或蒸压后包装（制作茯砖茶需发花工艺）。

（2）云南普洱茶熟茶：杀青→揉捻→晒干→渥堆→干燥→筛分（可用于包装或蒸压后包装的再加工）。

（3）四川边茶：杀青→揉捻→初烘→渥堆→复烘→揉捻→足烘→发水→堆放→揉捻→干燥（可用于包装或蒸压后包装的再加工）。

（4）湖北老青茶：杀青→揉捻→初晒→复炒→复揉→渥堆→干燥（可用于包装或蒸压后包装的再加工）。

（5）广西六堡茶：杀青→揉捻→渥堆→复揉→干燥→拣剔→存放（可用于包装或蒸压后包装的再加工）。

四、黑茶品鉴

黑茶品鉴见表7-1。

表 7-1 黑茶品鉴

名称	产地	成品茶品质特征	图片
普洱熟茶	产于云南西双版纳勐海茶厂和昆明茶厂	外形平整，色泽乌润，白毫显露，内质汤色黄明亮，香气醇浓，滋味浓厚，叶底嫩匀尚亮	
安化黑茶	为湖南省益阳市安化县特产	茶汤透明洁净，叶底形质清新。香气浓郁清正，长久悠远沁心，茶香杂，有药香、果香草、木香，运出资江一船香遍洞庭湖	
广西六堡茶	产于广西梧州市苍梧县六堡乡，如今，除苍梧县外，贺州、横县①、岑溪、玉林、昭平、临桂、兴安等地也有生产	六堡茶属山茶科常绿灌木，叶呈长椭圆披针形，叶色褐黑光润，间有黄花点，叶底红褐。六堡茶素以"红、浓、陈、醇"四绝著称。其条索长整紧结，汤色红浓，香气陈厚，滋味甘醇可口。正统应带松烟和槟榔味，叶底铜褐色	
湖北青砖茶	青砖茶主要产于湖北的长江流域鄂南和鄂西南地区	青砖的外形为长方形，色泽青褐，香气纯正，汤色红黄，滋味香浓。饮用青砖茶，除生津解渴外，还具有清新提神、帮助消化、杀菌止泻等功效	
泾渭茯茶	泾渭茯茶诞生于陕西咸阳	茶砖内部会自然生出一种小米一般的金黄色颗粒，俗称"金花"，学名冠突散囊菌，有消脂解腻等功效，"金花"也成为评价茯茶品质的重要标准。经过一系列筑茶、发花等工艺，茯茶有了菌花香	

① 横县：今为横州市。

任务分工

以 4 ～ 6 人为一个小组，各小组选出组长并进行任务分工，然后将分工情况填入表中。

班级		组号		指导教师	
小组成员	**姓名**	**学号**		**任务分工**	
组长					
组员					

任务实施

按照工作计划开展活动，然后将具体的实施情况记录在表格中。

班级：	组号：	组长：
时间安排	**实施步骤**	
	（1）进行资料收集与汇总 黑茶的特点： 黑茶的初制工艺： 黑茶的主要品类：	
	（2）讨论并分析资料	
	（3）书写汇总报告，制作思维导图	
	（4）过程中遇到的问题及解决办法 问题： 解决办法： 	
	（5）在课堂上汇报成果，同时分享自己的心得体会	
	（6）其他同学提问	

任务评价

各组成员结合课前、课中、课后的学习情况及任务完成情况，按照任务评价表中的评价标准进行自评、互评，请教师进行总体评价。

考核内容	评价标准	分值	评价得分		
			自评	互评	师评
知识、技能考核（70%）	能掌握黑茶的特点	10			
	能复述黑茶的初制工艺	10			
	能阐述黑茶的分类	10			
	收集的资料真实、客观、全面	10			
	思维导图制作内容准确、完整，富有创意	15			
	任务讲解标准、流利，讲述清楚、生动	15			
德育、素养考核（30%）	课前积极收集黑茶特点及分类的相关资料，并主动预习和复习本任务的知识	5			
	分工合理，任务准备工作做得充分	5			
	认真思考提问，积极参与课堂互动活动，并踊跃发表自己的看法	5			
	具有良好的团队精神和团队协作能力	10			
	任务单填写完整，字迹工整	5			
总评	自评（20%）+ 互评（20%）+ 师评（60%）=	教师（签名）：			

工作任务二　黑茶冲泡

任务导入

提到黑茶，它以前给人的印象就是"苦力茶""边销茶"，外形远没有绿茶好看，口感上不喜欢的人说它有股木质味；但现在，喜欢黑茶的人越来越多，很大的原因就是看重黑茶祛湿、清肠胃的功效。最重要的一点，黑茶可以当作口粮茶，不仅价格低，而且一年四季都能喝，黑茶是全发酵茶，茶性比较温润，不会像绿茶那样性寒。那么你知道黑茶应如何冲泡吗？冲泡时该注意哪些事项呢？

任务分析

通过资料收集，了解黑茶的冲泡方法，如烹煮法、冲泡法和调饮法，思考黑茶为什么既可以冲泡又可以烹煮。

知识准备

一、烹煮法

烹煮法即通过煮茶的方法来品饮。首先，将茶壶用开水烫洗一遍，使壶体均匀受热；然后将用开水温润过的适量茶叶（茶水比例约为 1∶40）投入茶壶中，注入纯净水，煮沸；待茶水沸腾 30 秒后即可将茶壶取下，再放置 10 秒左右；随后将煮好的茶汤用过滤网过滤至公道杯中，再依次分入品茗杯中品饮。

二、冲泡法

黑茶宜选用盖碗或紫砂壶进行冲泡，下面以普洱茶为例，介绍黑茶的冲泡法。

（1）备具。除传统茶具外，增加了紫砂盖碗（图 7–1）。

（2）温具。将茶壶用沸水冲洗，使其均匀受热，再将茶壶中的水倒入公道杯中，清洗公道杯（图 7–2）。

图 7–1　备具（黑茶）

图 7–2　温具（黑茶）

（3）置茶。将适量茶叶投入茶壶中（图7-3）。

（4）洗茶。用沸水定点注水，释放完美茶香，第一泡的茶汤倒掉不喝。普洱茶一般都需要经过1~2次的沸水洗茶过程，每次洗茶的时间为3~5秒，目的是让茶叶充分浸润，茶质充分释放（图7-4）。

图7-3　置茶（黑茶）　　　　　　　　图7-4　洗茶（黑茶）

（5）冲泡。普洱生茶和熟茶的冲泡水温不同，一般来说，熟茶要用沸水冲泡；生茶冲泡的水温则可以低一些。冲泡时，每次茶叶的浸泡时间以注入开水30秒到1分钟为宜，第五泡后浸泡的时间可稍长一些（图7-5）。

（6）洗杯。在茶汤静置，等待出汤时，将品茗杯一一冲洗（图7-6）。

（7）出汤。将冲泡好的茶汤倒入公道杯中（图7-7）。

图7-5　冲泡（黑茶）　　　　图7-6　洗杯（黑茶）　　　　图7-7　出汤（黑茶）

（8）分茶入杯。将公道杯中的茶汤依次倒入品茗杯中，一般七分满即可（图7-8）。

（9）奉茶。恭敬地请客人品茶（图7-9）。

黑茶冲泡

图7-8　分茶入杯（黑茶）　　　图7-9　奉茶（黑茶）

三、调饮法

黑茶可加入不同的配料调饮，其中奶茶最为常见。其制作步骤：先将茶敲碎，装进一个可扎口的小布袋进行烹煮，再倒入适量的鲜奶调匀、煮沸即可饮用。在饮用时，还可根据个人喜好加入盐、糖等进行调味。

在日常生活中，也可以用冲泡的方法进行调饮。制作时，先将茶、水按 1∶20 的比例进行冲泡，5 分钟后将茶汤沥出。饮用时根据个人喜好加入牛奶、水果、可食用的花瓣（如菊花、玫瑰花）等。

任务分工

以 4～6 人为一个小组，各小组选出组长并进行任务分工，然后将分工情况填入表中。

班级		组号		指导教师	
小组成员	姓名	学号		任务分工	
组长					
组员					

任务实施

按照工作计划开展活动，然后将具体的实施情况记录在表格中。

班级：	组号：	组长：
时间安排	实施步骤	
	（1）进行资料收集与汇总 黑茶的冲泡方法： 黑茶的烹煮法： 黑茶冲泡表演流程：	

续表

时间安排	实施步骤
	（2）讨论并分析资料
	（3）书写汇总报告，制作 PPT
	（4）过程中遇到的问题及解决办法 问题： 解决办法：
	（5）在课堂上汇报成果，同时分享自己的心得体会
	（6）其他同学提问

 任务评价

　　各组成员结合课前、课中、课后的学习情况及任务完成情况，按照任务评价表中的评价标准进行自评、互评，请教师进行总体评价。

考核内容	评价标准	分值	评价得分		
			自评	互评	师评
知识、技能 考核 （70%）	能掌握黑茶的冲泡方法	10			
	能复述黑茶的烹煮方法	10			
	能进行黑茶冲泡表演	10			
	收集的资料真实、客观、全面	10			
	PPT 制作内容准确、完整，富有创意	15			
	任务讲解标准、流利，讲述清楚、生动	15			
德育、素养 考核 （30%）	课前积极收集黑茶冲泡方法的相关资料，并主动预习和复习本任务的知识	5			
	分工合理，任务准备工作做的充分	5			
	认真思考提问，积极参与课堂互动活动，并踊跃发表自己的看法	5			
	具有良好的团队精神和团队协作能力	10			
	任务单填写完整，字迹工整	5			
总评	自评（20%）+ 互评（20%）+ 师评（60%）=	教师（签名）：			

项目自测

一、单项选择题

1. 黑茶因外观呈（　　）而得名。

　　A. 黑色　　　　　　B. 青色　　　　　　C. 白色

2. 饼茶产自（　　）。

　　A. 云南省下关　　B. 云南景谷县　　　C. 云南西双版纳

二、判断题

1. （　　）黑茶不属于全发酵茶。

2. （　　）黑茶的基本初制工艺流程：杀青→揉捻→渥堆→干燥。

三、实操练习

请展示黑茶冲泡法。

项目八　黄茶、白茶品鉴与冲泡

项目引言

我国黄茶和白茶的产量相较于其他茶类显得非常低，市面上能买到的黄茶和白茶的种类很少，黄茶的滋味醇和带甜香，白茶的滋味鲜爽醇和回甘，都非常适合初饮茶者、年轻人、妇女等饮用，因而具有巨大的潜在消费市场。作为茶艺师应掌握黄茶、白茶的冲泡技巧，冲泡出色、香、味俱佳的黄茶、白茶茶汤是非常重要的。

学习目标

知识目标

1. 了解白茶的茶叶分类、品种、名称、基本特征等基础知识；

2. 了解白茶的冲泡器具及使用方法；

3. 了解黄茶的茶叶分类、品种、名称、基本特征等基础知识；

4. 了解黄茶的冲泡器具及使用方法。

能力目标

1. 能够识别白茶中的中国主要名茶；

2. 能够展示白茶生活茶艺；

3. 能够识别黄茶中的中国主要名茶；

4. 能够展示黄茶生活茶艺。

素养目标

1. 引领学生树立传承和发扬中华民族传统文化的思想，增强文化自信；

2. 培养学生用茶文化的思想去影响和熏陶自己的行为和生活方式，实现自我价值的提高和人格的丰盈。

☑ 任务清单

学习任务清单		
完成一项学习任务后，请在对应的方框中打钩		
课前 预习	☐	准备学习用品，预习课本知识
	☐	通过网络收集有关黄茶、白茶基本特征和代表性名茶
	☐	形成对黄茶和白茶冲泡流程的初步印象，并与课本知识相互印证
课堂 学习	☐	了解黄茶的分类
	☐	了解白茶的分类
	☐	了解黄茶的特点
	☐	了解白茶的特点
	☐	掌握黄茶的冲泡方法
	☐	掌握白茶的冲泡方法
课后 实践	☐	积极、认真地参与实训活动
	☐	在实训中，与同学协调配合，提高人际交往能力和解决问题的能力
	☐	提高茶艺素养，传承与弘扬中华茶文化
学习任务标准		
完成一项学习任务后，请在对应的方框中打钩		
1+X 茶 艺师国 家职业 技能等 级标准	☐	黄茶、白茶的分类
	☐	黄茶冲泡器具使用方法
	☐	白茶冲泡器具使用方法
	☐	黄茶、白茶的冲泡流程
中国茶 艺水平 评价规 程	☐	掌握黄茶、白茶冲泡基本手法
	☐	能识别黄茶中的主要名茶
	☐	能识别白茶中的主要名茶

工作任务一　黄茶品鉴与冲泡

◎ 任务导入

　　蒙顶黄芽是中国最为著名的黄茶之一，具有悠久的加工历史，世界茶文化圣山——蒙顶山是其主要产地。雪漫是蒙顶山公园里一家茶叶专卖店的茶艺师，每当客人看见

她泡出的蒙顶黄芽在透明的玻璃杯里如春笋破土般竖立着上下浮沉的时候，都感到惊奇万分，于是纷纷购买，这使雪漫店里的蒙顶黄芽供不应求，雪漫也因此获得了老板额外的奖励。那么你知道除蒙顶黄芽外，还有哪些黄茶吗？黄茶在冲泡时应该注意什么呢？

📍 任务分析

通过资料收集，了解黄茶的特点、初制加工的工艺及黄茶的主要分类。思考黄茶产量低的原因是什么。

📋 知识准备

黄茶介绍

一、黄茶的主要品类和特点

黄茶是经过"闷黄"工艺加工而成的茶，因"黄汤黄叶"的品质特征而得名。我国的黄茶品类相对较少，目前在市场上所占份额是六大茶类中最低的，但近年来增长较快。

黄茶的品质特征简而言之即"黄汤黄叶"，但不同花色品种的品质差异明显。我国的黄茶根据原料老嫩程度可划分为黄芽茶、黄小茶和黄大茶三类。

（1）黄芽茶：以君山银针为代表，芽头肥壮挺直、匀齐，满披茸毛，色泽金黄光润，俗称"金镶玉"；内质香气清鲜，汤色杏黄明亮，滋味甜爽。

（2）黄小茶：以霍山黄芽为代表，外形条索挺直，微展呈朵，形似雀舌，色泽嫩绿或微黄显毫；内质香气清香持久，汤色嫩绿清澈，滋味鲜醇有回甘。

（3）黄大茶：以霍山黄大茶为代表，外形芽叶肥壮，梗叶相连呈钩状，色泽金黄带褐，油润；内质香气高爽，具"锅巴香"，汤色深黄，滋味浓厚醇和。

二、黄茶的初制工艺

黄茶的基本初制工艺流程与绿茶基本相似，但增加了一道闷黄工序。

闷黄是黄茶加工独有的工艺，是指将杀青或揉捻或初烘后的茶叶趁热堆积，使茶坯在湿热或干热作用下，茶叶内生化成分发生一系列非酶促热化学反应，为黄茶色、香、味的品质奠定基础。

三、黄茶品鉴

黄茶品鉴见表8-1。

表 8-1　黄茶品鉴

名称	产地	成品茶品质特征	图片
君山银针	主要产于湖南岳阳洞庭湖中的君山	成品茶芽头肥壮，坚实挺直；芽身金黄，满披银毫；冲泡后，汤色橙黄明净，味甘而醇；叶底嫩黄匀亮，甜香浓郁。君山银针若以玻璃杯冲泡，可见芽尖冲上水面，悬空竖立；随后徐徐下沉于杯底，状似鲜笋出土；再冲泡时再竖起，可三起三落	
蒙顶黄芽	产于四川省雅安市蒙顶山	蒙顶黄芽的成品茶外形扁平挺直，嫩黄油润，全芽披毫；冲泡后，香气清纯，汤色黄亮，滋味甘醇鲜爽，叶底嫩黄匀亮	
霍山黄芽	产于安徽省大别山区的霍山县，开采期一般在谷雨前的 3～5 天	成品茶外形条直微展，形似雀舌，嫩绿披毫；冲泡后，汤色黄绿、清明，有板栗香气；滋味香醇、回甘；叶底黄明亮	
平阳黄汤	为浙江省温州市平阳县的特产，一般在清明前开采	其成品茶条形细紧纤秀，色泽黄绿多毫；冲泡后，汤色杏黄清亮，香气清芬高锐，滋味甘醇爽口；叶底嫩匀成朵	
霍山黄大茶	产于安徽霍山、金寨、六安、岳西等地	叶大、梗长、黄色黄汤，香高耐泡，饮之有消垢腻、去积滞的作用，具有抗辐射、提神清心、消暑等功效	

四、黄茶的冲泡

冲泡黄茶前，首先要为茶叶选择适合的茶具。黄芽茶可选择玻璃器皿冲泡；黄小茶可用瓷器来冲泡，瓷器以奶白或黄橙色为佳；黄大茶则可用紫砂器皿来冲泡。

黄茶冲泡

下面以黄芽茶为例，来介绍黄茶的玻璃杯冲泡方法。

（1）备具。玻璃壶、茶杯（玻璃杯）、茶荷、茶匙及其他辅助茶具（图8-1）。

（2）择水。冲泡黄芽茶，宜选择甘活的软水。水温宜在80℃左右，古人称其为"蟹眼汤"（图8-2）。

（3）翻杯。右手拿起玻璃杯，将杯口翻转朝上，然后将杯子放在杯托上（图8-3）。

图8-1 备茶（黄茶）

图8-2 择水（黄茶）

图8-3 翻杯（黄茶）

（4）洗杯。清洁茶杯（图8-4）。

（5）赏茶。用茶匙将茶叶轻轻拨入茶荷内，供客人欣赏（图8-5）。

图8-4 洗杯（黄茶）

图8-5 赏茶（黄茶）

（6）置茶。茶叶与水的比例大致为1：50，即每杯投茶叶2 g左右，冲水100 mL左右（图8-6）。

（7）冲泡。注水入杯七成左右，使茶叶中的有效成分在水的冲泡下迅速浸出。意为"七分茶，三分情"（图8-7）。

（9）敬茶，品饮。品饮之前，先赏茶汤，观色、闻香、赏形，然后趁热品啜茶汤的滋味。品饮要分三口进行，从舌尖到舌面，再到舌根。不同位置品到的香味有着细微的差异，需要细细品才能有所体会（图8-8）。

图 8-6 置茶（黄茶）

图 8-7 冲泡（黄茶）

图 8-8 敬茶、品茶（黄茶）

任务分工

以4～6人为一个小组，各小组选出组长并进行任务分工，然后将分工情况填入表中。

班级		组号		指导教师	
小组成员	姓名	学号		任务分工	
组长					
组员					

任务实施

按照工作计划开展活动，然后将具体的实施情况记录在表格中。

班级：	组号：	组长：
时间安排	实施步骤	
	（1）进行资料收集与汇总 黄茶的特点及分类： 黄茶的初制工艺： 黄茶的冲泡流程：	

时间安排	实施步骤
	（2）讨论并分析资料
	（3）书写汇总报告，制作 PPT
	（4）过程中遇到的问题及解决办法 问题： 解决办法：
	（5）在课堂上汇报成果，同时分享自己的心得体会
	（6）其他同学提问

任务评价

　　各组成员结合课前、课中、课后的学习情况及任务完成情况，按照任务评价表中的评价标准进行自评、互评，请教师进行总体评价。

考核内容	评价标准	分值	评价得分		
			自评	互评	师评
知识、技能考核（70%）	能掌握黄茶的特点及主要品类	10			
	能复述黄茶的初制工艺	10			
	能阐述黄茶的冲泡流程	10			
	收集的资料真实、客观、全面	10			
	PPT 制作内容准确、完整，富有创意	15			
	任务讲解标准、流利，讲述清楚、生动	15			
德育、素养考核（30%）	课前积极收集黄茶特点及冲泡流程的相关资料，并主动预习和复习本任务的知识	5			
	分工合理，任务准备工作做得充分	5			
	认真思考提问，积极参与课堂互动活动，并踊跃发表自己的看法	5			
	具有良好的团队精神和团队协作能力	10			
	任务单填写完整，字迹工整	5			
总评	自评（20%）＋互评（20%）＋师评（60%）＝	教师（签名）：			

工作任务二　白茶品鉴与冲泡

 **任务导入**

　　青青在印象茶楼实习，今天上班时，来了一个大学生，说要参加茶艺比赛，想选择一种白茶。大学生问青青，哪一款白茶冲泡起来效果更好？青青有点迷茫，因为她对白茶不太了解。如果你是青青，应该怎么推荐呢？

任务分析

　　通过资料收集，了解白茶的主要加工工艺、白茶分类及白茶的冲泡技法。

知识准备

白茶介绍

一、白茶的主要品类和特点

　　白茶按花色品种可分为白毫银针、白牡丹、贡眉、寿眉和新工艺白茶，各花色品质特征如下。

　　（1）白毫银针：属于芽型白茶，芽头肥壮，满披白毫，色白如银，外形如针；内质香气清鲜，显毫香，滋味鲜爽甘醇，汤色呈浅杏黄，明亮匀净。

　　（2）白牡丹：属于朵型白茶，形似花朵，叶面黛绿，叶背满披白毫，俗称"青天白地"；内质香气清鲜，汤色清亮，滋味甜醇。

　　（3）贡眉：外形与白牡丹相似，但整体品质稍次，形体相对瘦小。优质贡眉毫心显，叶色翠绿；内质香气鲜纯，汤色橙黄明亮，滋味醇爽。

　　（4）寿眉：品质次于贡眉，外观色泽灰绿带黄，一般不带毫芽；内质香气较低，略带青气，汤色杏绿，滋味清淡。

　　（5）新工艺白茶：外形卷曲，色泽灰绿泛褐；内质香气纯正，有毫香，汤色橙黄明亮，滋味甘醇。

二、白茶的初制工艺

　　白茶的基本初制工艺流程：萎凋→干燥。

　　白茶加工的工艺流程较为简单，但对加工环境与品质把控要求较高，尤其在萎凋阶段，加工的外部环境条件，如温湿度与光照强度都会影响白茶的最终品质；其次萎凋工艺耗时较长，往往长达 30 ～ 72 小时。

　　白茶按不同萎凋工艺可进一步分为自然萎凋、加温萎凋和复式萎凋三种。

　　自然萎凋：采用室内自然萎凋与日光晾晒萎凋交替进行的方法。

加温萎凋：在雨天，采用室内控温设备促进萎凋的方法。

复式萎凋：自然萎凋与加温萎凋交替进行。

白茶干燥工艺与其他茶类相似。传统白茶干燥温度较低，采用低温长时至足干。

三、白茶品鉴

白茶品鉴见表 8-2。

表 8-2　白茶品鉴

名称	产地	成品茶品质特征	图片
白毫银针	产于福建省政和县及福鼎市的太姥山麓，其中，产于福鼎的被称为北路银针，产于政和的被称为南路银针	白毫银针的鲜叶原料为大白茶树的肥芽，于清明前采摘的品质最好。其成品茶芽头肥壮，密披白毫，挺直如针，色白似银；内质香气清鲜，汤色晶亮，呈浅杏黄色；滋味醇厚，鲜爽微甜；叶底全芽，色泽嫩黄	
白牡丹	生产于福建省的政和、建阳、松溪、福鼎等县	成品茶叶态自然，毫心肥壮，叶背遍布洁白茸毛；色泽深灰绿或暗青苔色；冲泡后，汤色杏黄或橙黄，毫香鲜嫩持久，滋味鲜醇微甜；叶底嫩匀完整，叶脉微红，有"红装素裹"之誉	
贡眉	主产于福建省的建阳、福鼎、政和、松溪等县，台湾省也有少量生产	贡眉的成品茶毫心明显，茸毫色白且多，色泽翠绿，叶片迎光看去，可透视出主脉的红色；冲泡后，汤色橙黄或深黄，香气鲜纯，滋味醇爽；叶底匀整、柔软、鲜亮	
寿眉	主产于福建省的政和、建阳、建瓯、浦城等地	寿眉完全使用茶树的嫩梢和叶片制作而成，基本不含芽头，其成品茶外形如同枯叶，色泽灰绿；冲泡后，汤色呈琥珀色，口感柔滑。老寿眉还具有独特的陈香，是很多茶友的白茶入门茶	

四、白茶的冲泡

白茶冲泡

白茶的冲泡方法与绿茶基本相同，但水温要适当偏高，浸润时间宜稍长一些，冲水后一般需要 5~6 分钟茶芽才会慢慢沉底，7~8 分钟后饮用，才能品尝到白茶的本色、真香、全味。

在选择茶具时，需根据不同的白茶种类进行选择。例如，冲泡白毫银针的器皿以玻璃杯为最佳；冲泡白牡丹、贡眉则宜选择白瓷或黑瓷茶具。

白茶冲饮时，可以用杯泡法、盖碗泡法、壶泡法等冲泡方法。

下面以白牡丹为例，来介绍白茶的盖碗泡法。

（1）备具。准备泡茶用具，包括盖碗、茶荷、茶巾、水盂、水壶等（图 8-9）。

图 8-9　备具（白茶）

（2）温具。用沸水冲洗盖碗，使其内外充分受热，再将水倒入茶海中，清洗茶海（图 8-10、图 8-11）。

图 8-10　温具（白茶）

图 8-11　温具（白茶）

（3）温杯。将品茗杯一字排开，依次向杯中倒入 1/3 的热水。然后从左侧杯子开始，右手握住杯身，左手托住杯底，轻轻转动杯子，最后将热水倒入水方中。温杯后，杯子温度升高，有利于茶叶香气的散发和内含物质的浸出（图 8-12）。

图 8-12　温杯（白茶）

（4）置茶。投放茶叶的多少根据盖碗容量的大小确定，一般为盖碗容量的 1/3 左右，宁少勿多（图 8-13）。

图 8-13　置茶（白茶）

（5）冲泡。将适量的开水沿盖碗边沿缓缓注入杯中，浸润茶叶。注意水流一定要低，且不能对着茶叶冲，即不能"冲破胆"（图 8-14）。

（6）出汤。将茶汤倒入公道杯中。等茶汁沥干后，放好盖碗，盖子可以稍微打开，以便使茶叶通气。五泡之后，每一泡的浸泡时间可以根据口感多泡几秒钟（图 8-15）。

图 8-14　冲泡（白茶）　　　　　图 8-15　出汤（白茶）

（7）分茶入杯。将公道杯中的茶汤依次倒入品茗杯中，手法要平、稳、快（图8-16）。

（8）奉茶。奉茶时，要面带微笑，双手将茶送至宾客面前，放置在宾客拿取方便的位置。放置好茶杯后，伸出右手，做出"请"的姿势，同时可以说"请您品茶"（图8-17）。

图 8-16　分茶入杯（白茶）　　　　　图 8-17　奉茶（白茶）

任务分工

以4~6人为一个小组，各小组选出组长并进行任务分工，然后将分工情况填入表中。

班级		组号		指导教师	
小组成员	姓名	学号		任务分工	
组长					
组员					

任务实施

按照工作计划开展活动，然后将具体的实施情况记录在表格中。

班级：		组号：		组长：	
时间安排		**实施步骤**			
	（1）进行资料收集与汇总 白茶的特点及主要品类： 白茶的初制工艺： 白茶的冲泡方法：				
	（2）讨论并分析资料				
	（3）书写汇总报告，制作 PPT				
	（4）过程中遇到的问题及解决办法 问题： 解决办法：				
	（5）在课堂上汇报成果，同时分享自己的心得体会				
	（6）其他同学提问				

📍 任务评价

各组成员结合课前、课中、课后的学习情况及任务完成情况，按照任务评价表中的评价标准进行自评、互评，请教师进行总体评价。

考核内容	评价标准	分值	评价得分		
			自评	互评	师评
知识、技能考核（70%）	能掌握白茶的特点及主要品类	10			
	能复述白茶的初制加工工艺	10			
	能阐述白茶的冲泡流程	10			
	收集的资料真实、客观、全面	10			
	PPT 制作内容准确、完整，富有创意	15			
	任务讲解标准、流利，讲述清楚、生动	15			

续表

考核内容	评价标准	分值	评价得分		
			自评	互评	师评
德育、素养考核（30%）	课前积极收集白茶特点及冲泡流程的相关资料，并主动预习和复习本任务的知识	5			
	分工合理，任务准备工作做得充分	5			
	认真思考提问，积极参与课堂互动活动，并踊跃发表自己的看法	5			
	具有良好的团队精神和团队协作能力	10			
	任务单填写完整，字迹工整	5			
总评	自评（20%）＋互评（20%）＋师评（60%）＝	教师（签名）：			

项目自测

一、单项选择题

1.黄茶属于（　　）。

　A.轻发酵茶类　　B.后发酵茶类　　C.不发酵茶类

2.白茶属于（　　）。

　A.微发酵茶类　　B.后发酵茶类　　C.不发酵茶类

二、判断题

1.（　　）白毫银针属于芽型白茶，芽头肥壮，满披白毫，色白如银，外形如针；内质香气清鲜，显毫香。

2.（　　）君山银针主要产于湖南岳阳洞庭湖中的君山。

三、实操练习

1.请展示君山银针的冲泡方法。

2.请展示白毫银针的冲泡方法。

项目九　其他茶类

项目引言

"千里不同风，百里不同俗。"我国是一个多民族的国家，共有56个兄弟民族，由于所处地理环境和民族文化的不同，以及生活风俗的各异，每个民族的饮茶风俗也各不相同。在生活中，即使是同一民族，在不同地域，饮茶习俗也有所差异。但是将饮茶看作是健身的饮料、纯洁的化身、友谊的桥梁、团结的纽带，在这一点上又是共同的。

学习目标

知识目标

1. 了解花茶的特点；

2. 了解花茶的代表性茶；

3. 了解酥油茶、三道茶、打油茶等民族茶艺文化。

能力目标

1. 能够展示花茶的生活茶艺；

2. 能够识别我国的不同民族茶艺文化。

素养目标

1. 引领学生树立传承和发扬中华民族传统文化的思想，增强文化自信；

2. 培养学生用茶文化的思想去影响和熏陶自己的行为和生活方式，实现自我价值的提高和人格的丰盈。

☑️ 任务清单

学习任务清单		
完成一项学习任务后，请在对应的方框中打钩		
课前 预习	☐	准备学习用品，预习课本知识
	☐	通过网络收集有关花茶的加工工艺和花茶特点的资料
	☐	通过网络收集了解我国有哪些特有的民族茶艺
课堂 学习	☐	掌握花茶的特点
	☐	了解花茶的冲泡方法
	☐	了解花茶的代表性茶
	☐	了解酥油茶、三道茶等我国民族茶艺
课后 实践	☐	积极、认真地参与实训活动
	☐	在实训中，与同学协调配合，提高人际交往能力和解决问题的能力
	☐	提高茶艺素养，传承与弘扬中华茶文化
学习任务标准		
完成一项学习任务后，请在对应的方框中打钩		
1+X 茶 艺师国 家职业 技能等 级标准	☐	花茶的分类
	☐	花茶的代表性茶
	☐	花茶的冲泡流程
	☐	酥油茶、三道茶等民族茶艺
中国茶 艺水平 评价 规程	☐	掌握花茶冲泡流程
	☐	了解花茶中的主要名茶
	☐	能介绍酥油茶、三道茶等茶艺特点

工作任务一　花茶品鉴与冲泡

📍 任务导入

很久以前，有一个茶商名叫陈古秋，他经常去南方购茶再卖到北方。一次，陈古秋去南方购茶时，遇到一个少女。那个少女家中遭到变故，非常可怜。陈古秋十分同情少女，便取了一些银子给她，还帮助她找到了亲戚收留。三年后，陈古秋又去购茶时，少女托人转交给他一包茶叶，说是为了表达感恩之情。陈古秋拿到那包茶叶后，邀请了一位品茶大师来品茶。没想到，那包茶叶冲泡后先是异香扑鼻，接着在升起的热气中，仿佛看见一个少女捧着一束花走来。大师见了，笑着说："陈老弟，这乃茶中绝品'报恩仙'，过去只听说过，今日才亲眼所见。请问这茶是如何得来的？"陈古秋将少女赠茶的事情说了一遍，两人不禁感叹起来。大师又思索道："为什么她会捧着花呢？"陈古秋一边品茶、一边悟道："依我之见，这是茶仙提示我们，花可以入茶。"于是，陈古秋将花加到茶中，果然制出了芬芳诱人的花茶，并受到了人们的喜爱。

你了解花茶吗？除了六大茶类以外，你还知道哪些关于花茶的知识？

 任务分析

通过资料收集，了解花茶的基本特点、代表性花茶的种类，以及了解花茶的冲泡方法。

知识准备

一、花茶的特点

1. 花茶

花茶也称熏制茶或香片，多以烘青绿茶作为茶坯，以茉莉花、白兰花、代代花、桂花等鲜花为花坯窨制而成。花茶的主要特征是馥郁的花香与醇厚的茶味相结合。例如，最常见的茉莉花茶的品质特征表现为香气鲜灵浓郁，汤色黄亮明净、滋味鲜爽浓醇。

2. 茉莉花茶

茉莉花茶以烘青绿茶和茉莉鲜花为原料经窨制而成（图 9-1）。其基本工艺流程：茶坯与鲜花处理→窨花拌和→静置窨花→通花→收堆续窨→起花→烘焙→冷却→转窨或提花→匀堆装箱。

图 9-1　茉莉花茶

付窨前要分别处理茶坯和鲜花，以增强茶坯的吸香能力、养护鲜花的品质，为后续窨制提供良好的物质基础。茶坯处理通常采用复火干燥法，控制茶坯含水量为 4.3% 左右。鲜花处理分为饲花和筛花两个步骤，饲花是为了提高鲜花品质，养护鲜花，以促使鲜花匀齐地开放吐香；筛花则是对鲜花进行分级处理，一般在鲜花开放率为 60% 时进行。

窨花拌和就是将经过处理的茶坯和鲜花按比例进行均匀混合，以促进茶坯与鲜花的直接接触，充分吸香。为了提高茉莉花茶香气的浓度与品质，通常先在底层茶坯表面撒上适量的白兰花，称为"打底"，打底操作后覆上茶坯，再放开放率为 80% 以上的茉莉花进行窨制，拌和时的温度要求不得高于室温 3 ℃，拌和后的堆窨厚度为 30～40 厘米。

均匀拌和后的茶、花原料进入静置窨花，常见的窨制方法有箱窨、堆窨、机窨和

囵窨，其中堆窨应用最为普遍。堆窨要求窨制原料堆成中间低、四周高的长方形茶堆，便于通气散热。静置窨花全程控制在 10 ～ 12 小时，中间要注意观察在窨品的温度与状态，及时进行通花散热。通花在散热降温的同时可以促进鲜花恢复最佳吐香性能，通花后，遇温度降低情况应及时收堆续窨。

窨制适度后鲜花丧失生机，要及时起花，起花时要遵循"高窨次先起，低窨次后起，同窨次先起高级茶、后起低级茶"的原则。起花的在制品进入烘焙阶段的主要目的是去除多余水分，固定窨制品质。烘焙时应以在制品的香气为依据，控制水分和烘烤时间。

二、代表性花茶

1. 福州茉莉花茶

福州茉莉花茶产于福建省福州市，创制于明朝，为传统历史名茶。

（1）历史演变。宋代张存基撰写的《闽广茉莉说》称："闽广多异花，悉清芬郁烈，而茉莉为众花之冠。"明代顾元庆《茶谱》也有记述："木樨、茉莉、玫瑰……皆可作茶，诸花开时摘其半含半放蕊之香气全者，量其茶叶多少，摘花为茶……以一层茶一层花，相间熏窨后置火上焙干备用。"16 世纪，我国花茶窨制技术已十分讲究。大约到了清咸丰年间，天津、北京的茶商在福州大量窨制茉莉花茶，运销至华北、东北一带。

（2）主要品种及品质特征。福州茉莉花茶精选优质烘青绿茶和茉莉鲜花，应用传统工艺熏窨而成，品质优异，花色繁多。有春风茉莉花茶、雀舌毫茉莉花茶、龙团珠茉莉花茶等数十种。

春风茉莉花茶也称"茉莉春风"，经五窨一提制成。外形紧秀匀齐，细嫩，多毫，内质香气浓郁鲜爽，滋味醇厚甘美，汤色黄亮清澈，叶底幼匀嫩亮。其可冲泡三次以上。

雀舌毫茉莉花茶也称"茉莉雀舌"，经四窨一提制成。外形紧秀，细嫩、匀齐，显锋毫，芽尖细小，似雀鸟之舌，故简称"雀舌毫"，内质香气鲜灵纯正，汤色黄亮清澈，叶底匀齐。本品持久耐泡，属茉莉花茶高档产品。

龙团珠茉莉花茶亦称"茉莉龙园""龙团珠"，经三窨制成。外形紧结呈圆珠形，内质香浓味厚，特别耐泡，为茉莉花茶中的中档产品。

2. 横县茉莉花茶

横县茉莉花茶（图 9-2）产于广西横县，创制于 1978 年，为新创制名茶。1978 年，横县从广东引进茉莉花，于 20 世纪 80 年代开始大面积种植。

（1）产地环境。横县位于广西东南部，郁江中游，北纬 23.5°以南，地属南亚热带气候区，年平均温度 21.5 ℃，平均年降水量 1 427 毫米，光照好，全年基本无霜，非常适宜茉莉花的露天栽培。

图 9-2　横县茉莉花茶

横县的茉莉花花期早（4 月中旬有花）、花期长（4 ～ 10 月约 7 个月）、产量高（每亩产鲜花 600 千克以上）。横县茉莉花，成本较低，花香浓郁。全国的茉莉花茶有一半以上在横县生产加工。横县花茶的茶坯既有来自云南的大叶品种绿茶，也有其他地区的中小叶品种绿茶。

（2）品质特征。横县茉莉花茶的品质特征为条索紧细，匀整，显毫；香气浓郁，滋味浓醇、耐冲泡，叶底嫩匀。

三、花茶的冲泡

1. 花茶的冲泡要领

冲泡花茶的基本要领是使其尽展神韵，花香不散失。

为了达到更好的品饮体验，冲泡花茶时，可以根据花茶茶坯的种类和品质，选择不同的冲泡器具和冲泡方法。例如，茉莉烘青以绿茶为茶坯窨制而成，所以可选择玻璃杯或盖碗，用绿茶的冲泡方法进行冲泡；桂花红茶和玫瑰红茶都是以红茶为茶坯窨制而成的，所以可选择制作精巧、色彩艳丽的盖碗，用红茶的冲泡方法进行冲泡；桂花乌龙是以乌龙的花茶为茶坯窨制而成的，所以可选择紫砂茶具，用乌龙茶的冲泡方法进行冲泡等。

2. 花茶的品饮要领

花茶既保持了茶叶的原味，又吸收了花香，两者相互交融，有"引花香，益茶味"之说。因此，花茶的品饮重在寻味探香，讲究"一看、二闻、三品味"。一看，就是冲泡前，先欣赏花茶的外观形状；二闻，就是在鉴赏时闻干茶的香气，冲泡时闻茶汤香气的鲜灵度、浓郁度和纯度；三品味，就是品饮时让茶汤在口中稍微停留，使茶汤充分与味蕾接触，以体会齿颊留香的感觉。

任务分工

以 4～6 人为一个小组，各小组选出组长并进行任务分工，然后将分工情况填入表中。

班级		组号		指导教师	
小组成员	姓名	学号		任务分工	
组长					
组员					

任务实施

按照工作计划开展活动，然后将具体的实施情况记录在表格中。

班级：	组号：	组长：
时间安排	**实施步骤**	
	（1）进行资料收集与汇总 花茶的特点： 代表性花茶的种类： 花茶的冲泡：	
	（2）讨论并分析资料	
	（3）书写汇总报告，制作PPT	
	（4）过程中遇到的问题及解决办法 问题： 解决办法：	
	（5）在课堂上汇报成果，同时分享自己的心得体会	
	（6）其他同学提问	

任务评价

各组成员结合课前、课中、课后的学习情况及任务完成情况，按照任务评价表中的评价标准进行自评、互评，请教师进行总体评价。

考核内容	评价标准	分值	评价得分		
			自评	互评	师评
知识、技能 考核 （70%）	能掌握花茶的特点	10			
	能复述代表性花茶的种类	10			
	能阐述花茶冲泡方法	10			
	收集的资料真实、客观、全面	10			
	PPT制作内容准确、完整，富有创意	15			
	任务讲解标准、流利，讲述清楚、生动	15			

续表

考核内容	评价标准	分值	评价得分		
			自评	互评	师评
德育、素养考核（30%）	课前积极收集花茶特点及冲泡方法的相关资料，并主动预习和复习本任务的知识	5			
	分工合理，任务准备工作做得充分	5			
	认真思考提问，积极参与课堂互动活动，并踊跃发表自己的看法	5			
	具有良好的团队精神和团队协作能力	10			
	任务单填写完整，字迹工整	5			
总评	自评（20%）＋互评（20%）＋师评（60%）＝		教师（签名）：		

工作任务二 民族茶艺

任务导入

在中国五千年的历史长河中，茶文化一直贯穿其中，并在漫长的发展中形成了各种带有强烈民族特征和地域特征的茶文化。由于茶文化的不同，各地区、各民族泡茶、喝茶的方式也有所不同。例如，蒙古族、藏族、白族、侗族和傣族都拥有自己独特的茶文化。同学们，你们都了解这些特有的茶文化吗？

任务分析

通过资料收集，了解藏族酥油茶、白族三道茶、侗族打油茶和傣族竹筒茶的不同茶文化，思考我国还有哪些特有的民族茶艺。

知识准备

一、藏族酥油茶

酥油茶是一种用茶、酥油和水等原料制成的饮品。它既是藏族人民日常生活中必不可少的饮料，也是他们用来馈赠宾客的礼品。

制作酥油茶的酥油，是煮沸的牛奶或羊奶，经搅拌冷却后凝结在奶液表面的一层脂肪。制作酥油茶时，先把茶放在小土罐内烤至焦黄，然后熬成茶汁倒入酥油筒内，加入酥油、花生、盐、鸡蛋和炒熟舂碎的核桃仁等，再用一根特制的木棒上下抽打，直到酥油、茶汁、辅料充分混合成浆状，最后倒入锅里加热即可。食用时，酥油茶多作为主食与糌粑一起食用，具有御寒、提神醒脑、生津止渴的作用。

饮酥油茶，也需要遵循一定的礼仪。例如，饮茶讲究尊卑有序、长幼有序、主客有序，煮好茶必先斟献于长辈；敬茶时需在客人喝一口后，立即为其斟满；客人在喝茶时，不能一口气喝完，而应该小口慢饮；客人不想再喝，则应不动茶碗或用手盖住茶碗；客人临走时，如果茶碗里的茶还没有喝完，可以一饮而尽，也可以不喝，以表示今后再相会或"富足有余"的良好寓意。

寻茶之旅

茶和盐的故事

这是一个藏族爱情故事，讲的是一对恋人的家族世代结怨，他们因两家人的阻挠不能在一起。当男主人公被女主人公的家人毒死后，女主人公也跳入火坑殉情而死。他们死后，两家人强行把他们的骨灰分开埋在两处；当他们变成两朵花一起开放时，两家人把花折断；当他们变成两只鸟一起啼鸣时，两家人又把鸟打死。最后，这对情人不得不离开自己的故土，男主人公逃到藏北草原的湖中变成了盐，女主人公逃到中原的山上变成了茶。这样，每当人们喝酥油茶时，这对情人就可以相会，再也没有人能把他们分开了。

这篇故事反映了藏族青年忠诚、正直、不畏强暴，敢于为理想而斗争、为自由而献身的可贵品质。

二、白族三道茶

三道茶也叫作三般茶，指的是苦茶、甜茶、回味茶，寓意人生"一苦、二甜、三回味"的哲理（图9-3）。白族三道茶起初只是长辈对晚辈的一种祝福，后逐渐发展为白族民间婚庆、节日和待客的茶礼。如今，随着旅游业的发展，白族三道茶开始同白族歌曲、曲艺结合，形成独具特色的茶艺表演项目，深爱中外游客的喜爱。

图9-3　白族三道茶

白族三道茶的做法别具一格，每道茶的制作方法和所用原料都不一样。

第一道茶为苦茶，又称"烤茶"或"百斗茶"，寓意做人做事，都必须先吃苦，是白族三道茶礼仪的核心。在制作时，先将茶叶（一般为大理沱茶）放入烤热的砂罐内烘烤，同时不停地转动砂罐，使茶叶均匀受热。待罐内茶叶"啪啪"作响、发出焦糖香时，立即注入沸水，再将茶水倾入茶盅，双手举盅献给客人。这道茶的茶汤色如琥珀、焦香扑鼻、滋味苦涩，具有止渴生津、消除疲惫的作用。因白族人有"酒满敬人，茶满欺人"的说法，所以第一道茶通常只有半杯。喝茶时，应以小口品饮，在舌尖上回味茶的苦凉和清香。

第二道茶为甜茶，寓意"做任何事，只有吃得了苦，才会有甜香来"。这道茶以核桃仁、红糖和大理特产乳扇（一种奶制品）为佐料，冲入由大理名茶"感通茶"煎制的茶水制作而成。此道茶甜而不腻，具有提神补气的作用。所用茶杯大若小碗，客人可以痛快地畅饮。

第三道茶为回味茶，寓意凡事要多"回味"，切记"先苦后甜"的哲理。在制作时，以蜂蜜加少许花椒、姜、桂皮为佐料，与"苍山雪"绿茶（云南大叶品种名茶）一起煎制而成。这道茶喝起来甜、酸、苦、辣，各味俱全，回味无穷。

寻茶之旅

白族三道茶的传说

很久以前，在大理苍山脚下，住着手艺高超的老木匠和他的徒弟。一天，老木匠对徒弟说："你跟我上山，如果能锯倒一棵大树，并把它锯成板子扛回家，就可以出师了。"于是，徒弟跟着老木匠上了山，找到一棵大麻栗树，立即锯起树来。但是，徒弟还没将树锯成板子，已经觉得口干舌燥，他恳求老木匠让他下山取水解渴。可是老木匠不同意，徒弟只好继续锯树。到傍晚时，徒弟太口渴了，就随手抓了一把树叶放进口里咀嚼，想用来解渴。老木匠看到徒弟吃树叶时紧皱眉头的样子，便笑着问："味道如何？"

徒弟说："好苦啊！"老木匠说："你要学好手艺，不吃苦头怎么行啊？"听了老木匠的话，徒弟又认真地锯起板子来，天黑的时候，徒弟终于把板子锯好了，他累得筋疲力尽。这时，老木匠从怀里取出一块红糖给了徒弟，郑重地说："这叫先苦后甜！"徒弟吃了糖，顿时觉得口不渴了，精神也振作了。于是，他赶紧把板子扛回了家。

第二天，徒弟可以出师了。分别时，老木匠给徒弟舀了一碗茶，里面还放着蜂蜜和花斑叶。徒弟喝完后，老木匠问："此茶是苦是甜？"徒弟回答："甜、苦、麻、辣，什么味都有。"老木匠听了笑着说："这茶中情由，与学手艺、做人的道理差不多，都要先苦后甜，好好回味才行啊！"

从此，这"苦、甜、回味"三道茶就成了晚辈学艺、求学时的一套礼俗。后来，又逐渐变成了白族人民待客的礼仪。

三、侗族打油茶

打油茶也称"吃豆茶"（图9-4），是侗族传统的待客食品之一，主要流行于湖南、贵州、广西等地。打油茶通常是用茶叶、油炸糯米花、炒花生、炒米、黄豆等原料配制而成的，浓香甘甜，具有提神醒脑、帮助消化等功效。

制作打油茶时，先将事先蒸熟、晾干的糯米用茶油炸成米花备用，接着把花生、黄豆、芝麻等炒熟备用，然后，将米放入锅中炒焦，再放入茶叶，翻炒几下，添温水入锅，加盐煮沸，滤出茶汁备用。最后，将事先准备好的米花、炒花生、黄豆、芝麻等原料放入碗中，斟入滤好的茶汁，色香味美的打油茶就打好了。

吃打油茶时，第一碗打油茶必须端给座上的长辈或贵宾，以表示敬慈，然后再依次端送给其他人。接到打油茶后，也不能立刻就吃，而是要把碗放在自己的面前，等主人说一声"敬请"，大家才一起端碗。吃打油茶时，只用一根筷子，且每人至少要吃三碗，否则会被认为是对主人的不尊重。吃过三碗后，如果不想再吃，只需把筷子架在自己的碗上即可。

图9-4　侗族打油茶

四、傣族竹筒茶

竹筒茶在傣语中称为"腊跺"，因茶叶具有竹筒香味而得名，是傣族别具风味的一种茶饮（图9-5）。竹筒茶主要产于云南西双版纳的勐海县和文山州广南县底圩、腾冲市坝外等地，至今已有200多年的历史了。

制作竹筒茶所用的鲜竹特别讲究，需在春夏之交，精选一年生的野生甜香竹，截取大小、粗细适中的节段。制作竹筒茶时，先将一芽二叶、三叶的细嫩云南晒青毛茶装入竹筒内，放入火塘烘烤。6～7分钟后，竹筒内的茶会被烤出的鲜竹汁浸润而渐渐软化。这时，用木棒将竹筒里的茶舂紧，再次填满茶，再烤，然后再舂紧。如此循环往复数次，直至竹筒填满舂紧的茶叶为止。待竹筒由青绿色烤成焦黄色，筒内的茶叶全部烤干时，竹筒茶就制成了。冲泡竹筒茶时，剖开竹筒，掰下少许竹筒茶，放入茶碗，冲入沸水至七八分满，3～5分钟后就可开始饮茶。竹筒茶既有茶的醇厚滋味，又有竹的浓郁清香，令人回味无穷。

图9-5　傣族竹筒茶

任务分工

以4～6人为一个小组，各小组选出组长并进行任务分工，然后将分工情况填入表中。

班级		组号		指导教师	
小组成员	**姓名**	**学号**		**任务分工**	
组长					
组员					

任务实施

按照工作计划开展活动，然后将具体的实施情况记录在表格中。

班级：	组号：	组长：
时间安排	**实施步骤**	
	（1）进行资料收集与汇总 藏族酥油茶的特点： 白族三道茶的特点： 侗族打油茶的特点： 傣族竹筒茶的特点：	
	（2）讨论并分析资料	
	（3）书写汇总报告，制作PPT	
	（4）过程中遇到的问题及解决办法 问题： 解决办法：	
	（5）在课堂上汇报成果，同时分享自己的心得体会	
	（6）其他同学提问	

任务评价

各组成员结合课前、课中、课后的学习情况及任务完成情况，按照任务评价表中的评价标准进行自评、互评，请教师进行总体评价。

考核内容	评价标准	分值	评价得分		
			自评	互评	师评
知识、技能考核（70%）	能掌握藏族酥油茶的特点	10			
	能复述白族三道茶的冲泡流程	10			
	能阐述打油茶、竹筒茶的特点	10			
	收集的资料真实、客观、全面	10			
	PPT制作内容准确、完整，富有创意	15			
	任务讲解标准、流利，讲述清楚、生动	15			
德育、素养考核（30%）	课前积极收集民族茶艺特征的相关资料，并主动预习和复习本任务的知识	5			
	分工合理，任务准备工作做得充分	5			
	认真思考提问，积极参与课堂互动活动，并踊跃发表自己的看法	5			
	具有良好的团队精神和团队协作能力	10			
	任务单填写完整，字迹工整	5			
总评	自评（20%）＋互评（20%）＋师评（60%）=	教师（签名）：			

项目自测

一、多项选择题

1.花茶也称熏制茶或香片，多以烘青绿茶作为茶坯，以（　　）鲜花为花坯窨制而成。
　A.茉莉花　　　B.白兰花　　　　C.桂花　　　　D.兰花

2.三道茶也称三般茶，指的是（　　），寓意人生"一苦、二甜、三回味"的哲理。
　A.苦茶　　　B.甜茶　　　　C.回味茶　　　　D.香茶

二、判断题

1.（　　）窨花拌和就是将经过处理的茶坯和鲜花按比例进行均匀混合。

2.（　　）打油茶也称"吃豆茶"，是侗族传统的待客食品之一，主要流行于湖北、扬州、广西等地。

三、简答题

1. 请讲述福州茉莉花茶的历史演变。

2. 简述白族三道茶的冲泡方法。

茶艺习题

一、单项选择题

1. 茶叶的（　　）是衡量茶叶采摘和加工优劣的重要参考依据。

　　A. 新　　　　　　　B. 匀　　　　　　　C. 净　　　　　　　D. 纯

2. 龙井茶冲泡中（　　）的作用是预防烫伤茶芽。

　　A. 汤杯　　　　　　B. 温润泡　　　　　C. 凉汤　　　　　　D. 浸润

3. 黄山毛峰冲泡置茶一般采用（　　）。

　　A. 上投法　　　　　B. 中投法　　　　　C. 下投法　　　　　D. 点茶法

4. 接待身体残疾的宾客时，应（　　）。

　　A. 尽可能将其安排在离出、入口较近位置，便于出入

　　B. 安排在窗前

　　C. 尽可能安排在光线好的位置

　　D. 安排在适当位置，遮掩其缺陷

5. 冲泡茶叶和品饮茶汤是茶艺形式的重要表现部分，称为"行茶程序"，共分为三个阶段，即（　　）、操作阶段、完成阶段。

　　A. 备茶具阶段　　　B. 煮水阶段　　　　C. 准备阶段　　　　D. 迎宾阶段

6. 雅志、敬客、行道是（　　）的三个主要社会功能。

　　A. 茶文化　　　　　B. 竹文化　　　　　C. 石文化　　　　　D. 砚文化

7. 女性茶艺表演者如有条件可以（　　），可平添不少风韵。

　　A. 佩戴十字架　　　B. 戴条金手链　　　C. 戴一只玉镯　　　D. 带一双手套

8. 宁红太子茶艺，茶具的摆设形状是（　　）。

　　A. 大鹏展翅　　　　B. 孔雀开屏　　　　C. 祥龙盘珠　　　　D. 丹凤朝阳

9. 接待年老体弱宾客时，不妥的做法是（　　）。

　　A. 尽可能将其安排在离出、入口较近的位置，便于出入

　　B. 帮助他们就座

　　C. 更加周到细致的服务

　　D. 将其安排在远离出、入口位置，避免人来人往影响

10. 青花瓷是在（　　）上缀以青色文饰、清丽恬静，既典雅又丰富。

　　A. 白瓷　　　　　　B. 青瓷　　　　　　C. 金属　　　　　　D. 竹木

11. "茶汤青绿明亮，滋味鲜醇回甘。头泡香高，二泡味浓，三四泡幽香犹存"是（ ）的品质特点。

    A. 安溪铁观音   B. 云南普洱茶

    C. 祁门红茶   D. 太平猴魁

12. 茉莉花茶艺（ ）的顺序是从右到左。

    A. 就座   B. 敬茶   C. 送茶点   D. 递手巾

13. （ ）饮茶，大多推崇纯茶清饮，茶艺师可根据宾客所点的茶品，采用不同的方法沏茶。

    A. 汉族   B. 苗族   C. 白族   D. 侗族

14. 茶道精神是（ ）的核心。

    A. 茶礼仪   B. 茶道德   C. 茶艺术   D. 茶文化

15. 清代出现（ ）品饮艺术。

    A. 乌龙工夫茶   B. 白族三道茶   C. 宁红太子茶   D. 云南普洱茶

16. 藏族喝茶有一定礼节，三杯后当宾客将添满的茶汤一饮而尽时，茶艺师就（ ）。

    A. 继续添茶   B. 不再添茶   C. 可以离开   D. 准备送客

17. 茶艺师与宾客交谈过程中，在双方意见各不相同的情况下，（ ）表达自己的不同看法。

    A. 可以婉转   B. 可以坦率   C. 不可以   D. 可以公开

18. 外形紧结端正，呈碗形，色泽乌润，外观显毫是（ ）的品质特点。

    A. 云南沱茶   B. 金银花茶   C. 滇红工夫红茶   D. 云南普洱茶

19. 茉莉花茶艺使用的（ ）是三才杯。

    A. 看汤杯   B. 鉴叶杯   C. 品茶杯   D. 闻香杯

20. 茶树适宜在土质疏松、排水良好的（ ）土壤中生长，以酸碱度pH值在 4.5～5.5 为最佳。

    A. 中性   B. 酸性   C. 偏酸性   D. 微酸性

21. 茶叶的物质与精神财富的总和称为（ ）。

    A. 广义茶文化   B. 狭义茶文化   C. 宫廷茶文化   D. 儒士茶文化

22. 茉莉花茶闻香程序被喻为（ ）。

    A. 壶里香气袅细烟   B. 杯里清香浮真趣

    C. 清香清趣人陶醉   D. 茉莉清香浮真趣

23. 茉莉花茶艺的汤杯被喻为（　　　）。

　　A. 却嫌脂粉污颜色　　　　　　　　B. 一片冰心在玉壶

　　C. 蓝田日暖玉生烟　　　　　　　　D. 春江水暖鸭先知

24. 宁红太子茶艺第七道将水质、茶质喻为（　　　）。

　　A. 石乳　　　　　B. 兰芷　　　　　C. 河山　　　　　D. 江山

25. 安溪乌龙茶艺一般选择（　　　）音乐。

　　A. 幽谷清风　　　B. 秋虫鸣唱　　　　C. 南音名曲　　　　D. 潇湘水云

26. "茶味人生细品悟"喻指茉莉花茶艺的（　　　）。

　　A. 回味　　　　　B. 赏茶　　　　　C. 论茶　　　　　D. 鉴茶

27. 在茶艺演示冲泡茶叶过程中的基本程序是备器、煮水、备茶、温壶（杯）、置茶、（　　　）、奉茶、收具。

　　A. 高冲水　　　　B. 分茶　　　　　C. 冲泡　　　　　D. 淋壶

28. 宁红太子茶艺焚香时，使三个香炉（　　　）。

　　A. 横向排成一排　　　　　　　　　B. 纵向排成一排

　　C. 呈"孔雀开屏"形排列　　　　　　D. 呈"品"字形排列

29. 君山银针外形的品质特点是（　　　）。

　　A. 芽头肥壮，紧实挺直，芽身金黄，满披白毫

　　B. 形似雀舌，匀齐壮实，锋显毫露，色如象牙，鱼叶金黄

　　C. 条索紧结，肥硕雄壮，色泽乌润，金豪特显

　　D. 单片，形似瓜子，自然平展，叶缘微翘，大小均匀，色泽绿中带霜（宝绿）

30. 明代以后，茶馆（室）的茶挂主要是（　　　）。

　　A. 书法字轴　　　B. 国画图轴　　　　C. 刺绣挂画　　　　D. 木刻版画

31. 鉴别茶的真伪，应从茶叶的植物学特征方面观察芽和嫩叶背面是否有（　　　）。

　　A. 银白色的茸毛　B. 灰色茸毛　　　　C. 细长的茸毛　　　D. 油亮反光

32. 香草、沉香木是制作（　　　）的主要原料。

　　A. 燃烧香品　　　B. 熏炙香品　　　　C. 自然散发香品　　D. 树脂型香品

33. 清香高长，汤色清澈，滋味鲜浓、醇厚、甘甜，叶底嫩黄肥壮成朵是（　　　）的品质特点。

　　A. 六安瓜片　　　B. 君山银针　　　　C. 黄山毛峰　　　　D. 滇红工夫红茶

34. 在为 VIP 宾客提供服务时，茶具应（　　　），并提前 20 分钟将茶品、茶具摆好。

　　A. 可先冲洗　　　B. 精心挑选　　　　C. 当面消毒　　　　D. 选用名贵茶具

35.（　　）的程序共有7道。

　　A. 三清茶艺　　　　　　　　　　B. 禅茶茶艺

　　C. 西湖龙井茶艺　　　　　　　　D. 宁红太子茶艺

36. 根据俄罗斯人对茶饮爱好的特点，茶艺师在服务中可向他们推荐一些（　　）茶点。

　　A. 花生酪　　　B. 牛肉干　　　C. 咸橄榄　　　D. 萝卜干

37. 红茶、绿茶、乌龙茶的香气主要特点是红茶（　　），绿茶板栗香，乌龙茶花香。

　　A. 甜香　　　　B. 熟香　　　　C. 清香　　　　D. 花香

38. 过量饮浓茶，会引起头痛、恶心、（　　）、烦躁等不良症状。

　　A. 龋齿　　　　B. 失眠　　　　C. 糖尿病　　　D. 冠心病

39. 在唐朝已出现将（　　）整合的娱乐活动。

　　A. 赋诗、作文、习字、品茗　　　　B. 挂画、插花、焚香、品茗

　　C. 游历、讲学、论道、著书　　　　D. 下棋、对诗、吟唱、饮酒

40. 宋代北苑贡茶的产地是当时的（　　）。

　　A. 福建建安　　B. 福建崇安　　C. 江西信州　　D. 浙江临安

41. 景瓷宜陶是（　　）茶具的代表。

　　A. 唐代　　　　B. 宋代　　　　C. 明代　　　　D. 清代

42.（　　）瓷器素有"薄如纸，白如玉，明如镜，声如磬"的美誉。

　　A. 福建德化　　B. 江西景德镇　　C. 浙江龙泉　　D. 河南钧州

43. "色绿、形美、香郁、味醇"是（　　）茶的品质特征。

　　A. 信阳毛尖　　B. 君山银针　　C. 龙井　　　　D. 奇兰

44. 要想品到一杯好茶，首先要将茶泡好，需要掌握的要素是选茶、择水、备器、雅室、（　　）。

　　A. 冲泡和品尝　　B. 观色和闻香　　　C. 冲泡和奉茶　　D. 品茗和奉茶

45. 人们在日常生活中，（　　）的上升是从生理上需要到精神上满足的上升。

　　A. 喝茶到品茶　　　　　　　　　　B. 以茶代酒

　　C. 将茶列为开门七件事之一　　　　D. 喝调味茶

46. 茶叶中的多酚类物质主要是由（　　）、黄酮类化合物、花青素和酚酸组成。

　　A. 儿茶素　　　B. 氨基酸　　　C. 咖啡因　　　D. 维生素

47. 云南普洱茶内质的品质特点是（　　）。

　　A. 茶汤青绿明亮，滋味鲜醇回甘，头泡香高，二泡味浓，三四泡幽香犹存

B. 香气浓郁，具"玫瑰香"，汤色红艳鲜亮具"金圈"，品质超群，被誉为"群芳最"

C. 香气馥郁持久，汤色金黄，滋味醇厚甘鲜，入口回甘带蜜味

D. 香气馥郁，滋味醇厚回甜，具有独特的清香，茶性温和，有较好的药理作用

48. 在为宾客引路指示方向时，应（　　　），面带微笑，眼睛看着目标，并兼顾宾客是否意会到目标。

  A. 掌心向上　　　　　　　　　　B. 掌心向下

  C. 掌心向外　　　　　　　　　　D. 掌心向内

49. 最适合茶艺表演的音乐是（　　　）。

  A. 中外流行音乐　　B. 中国古典音乐　　C. 外国音乐　　D. 少数民族音乐

50. 舒城小兰花干茶色泽属于（　　　）。

  A. 金黄型　　　　B. 橙黄型　　　　C. 黄绿型　　　　D. 银白型

51. （　　　）对"茶醉"无缓解作用。

  A. 吃水果　　　　B. 吃糖果　　　　C. 吃点心　　　　D. 抽烟

52. 六大类成品茶的分类依据是（　　　）。

  A. 茶树品种　　　　B. 生长地带　　　　C. 采摘季度　　　　D. 加工工艺

53. 为了将茶叶冲泡好，在选择茶具时主要的参考因素是看场合、（　　　）、看茶叶。

  A. 看喝茶人的心情　　　　　　　B. 看喝茶人的身份

  C. 看人数　　　　　　　　　　　D. 看茶具的大小

54. （　　　）茶叶的种类有粗、散、末、饼茶。

  A. 汉代　　　　　B. 元代　　　　　C. 宋代　　　　　D. 唐代

55. 用黄豆、芝麻、姜、盐、茶合成，直接用开水沏泡的是宋代（　　　）。

  A. 豆子茶　　　B. 薄荷茶　　　　C. 葱头茶　　　　D. 黄豆茶

56. 下列选项中，（　　　）是茶室插花的目的。

  A. 烘托品茗环境　　　　　　　　B. 寓意主题

  C. 为茶室增添色彩　　　　　　　D. 表达心情

57. 茶树性喜温暖、（　　　），通常气温在 18～25℃ 最适宜生长。

  A. 干燥的环境　　　　　　　　　B. 湿润的环境

  C. 避光的环境　　　　　　　　　D. 阴冷的环境

58. 鲜爽、醇厚、鲜浓是评茶树语中关于（　　　）的褒义术语。

  A. 香气　　　　B. 滋味　　　　C. 外形　　　　D. 嫩度

59.茶艺师职业道德的基本准则，就是指（　　　　）。

　　A.遵守职业道德原则，热爱茶艺工作，不断提高服务质量

　　B.精通业务，不断提高技能水平

　　C.努力钻研业务，追求经济效益第一

　　D.提高自身修养，实现自我提高

60.下列选项中，不符合茶艺师坐姿要求的是（　　　　）。

　　A.挺胸立腰显精神

　　B.两腿交叉叠放显优雅

　　C.端庄娴雅，身体随服务要求而动显自然

　　D.坐正坐直显端庄

61.（　　　　）的滋味属于清鲜型。

　　A.黄山毛峰　　　　B.太平猴魁　　　　C.洞庭碧螺春　　　　D.庐山云雾茶

62.白茶按鲜叶原料的茶树品种分为（　　　　）两大类。

　　A.大芽和小芽　　　B.大白和小白　　　C.长条和短条　　　D.片状和条状

63.按照标准的管理权限，（　　　　）属于行业标准。

　　A.《乌龙茶成品茶》　　　　　　　　B.《茉莉花茶》

　　C.《屯炒青绿茶》　　　　　　　　　D.《第四套红碎茶》

64.煎制饼茶前须经炙、碾、罗工序的是唐代的（　　　　）技艺。

　　A.点茶　　　　　　B.煎茶　　　　　　C.煮茶　　　　　　D.炙茶

65.（　　　　）多爱饮加糖和奶的红茶，也酷爱冰茶。

　　A.日本人　　　　　B.法国人　　　　　C.印度人　　　　　D.美国人

66.（　　　　）茶艺的程序共为16道。

　　A.武夷　　　　　　B.龙井　　　　　　C.安溪乌龙茶　　　　D.宁红太子茶

67.黑茶按加工法和形状不同可分为（　　　　）两大类。

　　A.条形和片形　　　B.散装和压制　　　C.液状和粉状　　　D.珠状和条状

68.冲泡（　　　　）的适宜水温是90 ℃左右。

　　A.白牡丹茶　　　　B.水金龟茶　　　　C.铁观音茶　　　　D.茉莉花茶

69.品茗焚香时香品的选择原则是（　　　　）。

　　A.春夏焚较重的香品　　　　　　　　B.夏秋焚较淡的香品

　　C.秋冬焚较重的香品　　　　　　　　D.春秋焚较淡的香品

70.龙井茶艺的表演程序共为（　　　　）道。

　　A.14　　　　　　　B.12　　　　　　　C.10　　　　　　　D.7

71. 宾客进入茶艺室，茶艺师要笑脸相迎，并致亲切问候，通过（ ）和可亲的面容使宾客进门就感到心情舒畅。

　　A. 轻松的音乐　　B. 美好的语言　　　　C. 热情的握手　　　D. 严肃的礼节

72. 炒青、烘青、晒青是（ ）按干燥方式不同划分的三个种类。

　　A. 绿茶　　　　　B. 红茶　　　　　　　C. 青茶　　　　　　 D. 白茶

73. 职业道德是人们在职业工作中和劳动中遵循的与（ ）紧密相联的道德原则和规范总和。

　　A. 法律法规　　　B. 文化修养　　　　　C. 职业活动　　　　 D. 政策规定

74. 茶艺师遵守职业道德的必要性和作用，体现在（ ）。

　　A. 促进茶艺从业人员发展，与提高道德修养无关

　　B. 促进个人道德修养的提高，与促进行风建设无关

　　C. 促进行业良好风尚建设，与个人修养无关

　　D. 促进个人道德修养、行风建设和事业发展

75. 钻研业务、精益求精具体体现在茶艺师不但要主动、热情、耐心、周到地接待品茶客人，而且必须（ ）。

　　A. 熟练掌握不同茶品的沏泡方法

　　B. 专门掌握本地茶品的沏泡方法

　　C. 专门掌握茶艺表演的沏泡方法

　　D. 掌握保健茶或药用茶的沏泡方法

76. 宋代豆子茶的主要成分是（ ）。

　　A. 黄豆、芝麻、姜、盐、茶

　　B. 玉米、小麦、葱、醋、茶

　　C. 大米、高粱、橘、蒜、茶

　　D. 小米、薄荷、葱、酒、茶

77. 世界上第一部茶书的作者是（ ）。

　　A. 熊蕃　　　　　B. 陆羽　　　　　　　C. 张又新　　　　　 D. 温庭筠

78. 唐代饼茶的制作需经过的工序是（ ）。

　　A. 煮、煎、滤　　B. 炙、碾、罗　　　　C. 蒸、舂、煮　　　 D. 烤、烫、切

79. 灌木型茶树的基本特征是（ ）。

　　A. 叶小而密

　　B. 叶大而密，分枝粗壮

C.没有明显主干，分枝较密，多近地面处，树冠短小

D.主干明显，分枝稀，树冠短小

80.制作乌龙茶对鲜叶原料采摘（　　　），大多为对口叶，芽叶已成熟。

A.一叶一芽　　　　B.二叶一芽　　　　　　C.四叶一芽　　　　D.五叶一芽

81.引发茶叶变质的主要因素是（　　　）。

A.二氧化碳　　　　B.氮气　　　　　　　　C.氧气　　　　　　D.氨气

82.茶叶保存应注意温度的控制。温度平均升高（　　　）℃，茶叶褐变速度将增加3～5倍。

A.6　　　　　　　　B.8　　　　　　　　　　C.10　　　　　　　D.12

83.明代茶具的代表是（　　　）。

A.青花瓷器　　　　B.黑釉瓷器　　　　　　C.景瓷宜陶　　　　D.玻璃茶具

84.（　　　）又称"三才碗"，一式三件，下有托、中有碗、上置盖。

A.紫砂壶　　　　　B.盖碗　　　　　　　　C.兔毫盏　　　　　D.茶盅

85.历史上第一个留下名字的壶艺家供春的代表作品是（　　　）。

A.南瓜壶　　　　　B.树瘤壶　　　　　　　C.书画壶　　　　　D.鱼化龙壶

86.茶荷是用来从茶叶罐中（　　　）的器具，并用于欣赏干茶的外形及茶香。

A.取茶渣　　　　　B.均匀茶汤浓度　　　　C.盛取干茶　　　　D.清洁茶具

87.凡是不含有（　　　）的水，称为软水。

A.Co^{2+}、Cr^{2+} 　　　　　　　　　　　　　B.Ca^{2+}、Mg^{2+}

C.K^+、Cl^- 　　　　　　　　　　　　　　　D.Pb^{2+}、Cu^{2+}

88.古人对泡茶水温十分讲究，认为"水老"则茶汤品质（　　　）。

A.茶叶下沉，新鲜度提高　　　　　　　B.茶叶下沉，新鲜度下降

C.茶浮水面，鲜爽味减弱　　　　　　　D.茶浮水面，鲜爽味提高

89.用经过氯化处理的自来水泡茶，茶汤品质（　　　）。

A.香气变淡　　　　B.汤色变淡　　　　　　C.汤味变苦　　　　D.汤色变浑

90.城市茶艺馆泡茶用水可选择（　　　）。

A.雨水　　　　　　B.雪水　　　　　　　　C.井水　　　　　　D.纯净水

91.陆羽在《茶经》中指出：其水，用（　　　）上，江水中，井水下。

A.蒸馏水　　　　　B.纯净水　　　　　　　C.山水　　　　　　D.雨水

92.冲泡茶的过程中，以下（　　　）动作是不规范的，不能体现茶艺师对宾客的敬意。

A.用杯托双手将茶奉到宾客面前

B. 用托盘双手将茶奉到宾客面前

C. 双手平稳奉茶

D. 奉茶时将茶汤溢出

93. 下列说法中，品茶与喝茶相同点是（　　）。

　　A. 对泡茶意境的讲究　　　　　　　　B. 对泡茶水质的讲究

　　C. 对冲泡茶方法的一致　　　　　　　D. 对茶的色香味的讲究

94. 由于舌头各部位的味蕾对不同滋味的感受不一样，在品茶汤滋味时，应（　　）才能充分感受茶中的甜、酸、鲜、苦、涩味。

　　A. 含在口中不要急于吞下

　　B. 将茶汤在口中停留、与舌的各部位打转后

　　C. 立即咽下

　　D. 小口慢吞

95. 一般冲泡乌龙茶，根据品茶人数选用大小适宜的壶，投茶量视乌龙茶的（　　）而定。

　　A. 外形　　　　　B. 品种和季节　　　　C. 品种和条索　　　D. 条索

96. 茶叶中的（　　）是著名的抗氧化剂，具有防衰老的作用。

　　A. 维生素 A　　　B. 维生素 C　　　　C. 维生素 E　　　　D. 维生素 D

97. 当宾客对饮用什么茶叶或选用什么拿不定主意时，茶艺师应（　　）。

　　A. 主动替宾客选定

　　B. 热情为宾客推荐

　　C. 礼貌将茶单交宾客自选

　　D. 留时间让宾客考虑，确定后再来服务

98. 茶艺师与宾客交谈时，应（　　）。

　　A. 保持与对方交流，随时插话

　　B. 尽可能多地与宾客聊天交谈

　　C. 在听顾客说话时，随时作出一些反应

　　D. 对宾客礼貌，避免目光正视对方

99. 茶艺师可以用关切的询问、征求的态度、提议的问话、（　　）来加深与宾客的交流和理解，有效地提高茶艺馆的服务质量。

　　A. 直接的回答　　　　　　　　　　　B. 郑重的回答

　　C. 简捷的回答　　　　　　　　　　　D. 有针对性的回答

100. 接待印度、尼泊尔宾客时，茶艺师应施（　　）。

    A. 拱手礼　　　　B. 拥抱礼　　　　C. 合十礼　　　　D. 扣胸礼

101. 摩洛哥人酷爱饮茶，（　　）是摩洛哥人社交活动中必备的饮料。

    A. 甜味绿茶　　B. 甜味红茶　　　C. 甜味奶茶　　　D. 甜味柠檬茶

102. 巴基斯坦西北地区流行饮绿茶，多数配以（　　）。

    A. 糖和柠檬　　B. 糖和薄荷　　　C. 牛奶和糖　　　D. 糖和豆蔻

103. 藏族喝茶有一定礼节，边喝边添，三杯后再将填满的茶汤一饮而尽，这表明（　　）。

    A. 茶汤好喝　　B. 不再喝了　　　C. 想继续喝　　　D. 稍等再喝

104. 为维吾尔族宾客服务时，（　　）。

    A. 当宾客的面冲洗杯子

    B. 尽量在服务前冲洗杯子

    C. 尽量当宾客的面冲洗杯子

    D. 尽量在服务结束宾客走后冲洗杯子

105. 乌龙茶类中的武夷岩茶的茶汤色泽为（　　）型。

    A. 橙黄　　　　B. 金黄　　　　　C. 橙红　　　　　D. 橙绿

106. 红茶按加工工艺分为（　　）三大种类。

    A. 滇红、宁红和宜红工夫　　　　B. 宁红、政和和小种红茶

    C. 工夫、小种红茶和红碎茶　　　D. 潮红、川红和正山小种

107. 茶艺系统的主要内容包括（　　）。

    A. 阅画、赏花、焚香与品茗　　　B. 绘画、唱和、赏花与品茗

    C. 静气、作画、读书与品茗　　　D. 和诗、下棋、作画与品茗

108. （　　）是最能反映月下美景的古典名曲。

    A.《阳关三叠》　B.《潇湘水云》　C.《空山鸟语》　D.《彩云追月》

109. （　　）不是近代作曲家为品茶而谱写的音乐。

    A.《竹奏乐》　B.《茉莉花》　　C.《桂花龙井》　D.《乌龙八仙》

110. 茶艺表演者着装应具有（　　）特色。

    A. 民族　　　　B. 地方　　　　　C. 家乡　　　　　D. 现代

111. 不符合茶艺表演者发型要求的是（　　）。

    A. 短发　　　　B. 马尾辫　　　　C. 长发披肩　　　D. 寸头

112. 自然散发的香品有（　　）。

    A. 茶叶、香花　B. 香精、兰花　C. 香油、香花　D. 香草、香木

113. 香品原料的主要种类有（   ）。

    A. 天然性、植物性、动物性   B. 陆生性、动物性、合成性

    C. 植物性、动物性、合成性   D. 海洋性、植物性、合成性

114. 品茗焚香时使用的最佳香具是（   ）。

    A. 钵头   B. 大碗   C. 竹筒   D. 香炉

115. 品茗焚香时，香不能紧挨着（   ）。

    A. 茶叶   B. 鲜花   C. 烧炉   D. 茶壶

116. 茶泡茶的适宜水温是（   ）℃左右。

    A. 100   B. 90   C. 80   D. 70

117. 安溪乌龙茶艺中品茶使用的茶具是（   ）。

    A. 玻璃杯   B. 紫砂杯   C. 小瓷杯   D. 陶土杯

118. 安溪乌龙茶艺使用的（   ）的制作原料是竹。

    A. 茶匙、茶斗、茶夹、茶通   B. 茶盘、茶罐、茶船、茶荷

    C. 茶通、茶针、漏斗、水盂   C. 茶盘、茶托、茶箸、茶杯

119. "茶室四宝"是指（   ）。

    A. 杯、盖、泡壶、炭炉   B. 炉、壶、欧杯、托盘

    C. 炉、壶、圆桌、木凳   D. 杯、盖、托盘、炭炉

120. 乌龙茶艺持杯方法喻为（   ）。

    A. 观音出海   B. 敬奉香茗   C. 悬壶高冲   D. 三龙护鼎

121. 茉莉花茶艺的程序共有（   ）道。

    A. 16   B. 12   C. 10   D. 8

122. 冲泡（   ）的适宜水温是90 ℃左右。

    A. 红碎茶   B. 龙井茶   C. 茉莉花茶   D. 铁观音茶

123. 茉莉花茶艺中敬茶顺序是（   ）。

    A. 从前到后   B. 从后到前   C. 从右到左   D. 从尊到卑

124. 唐代诗人卢仝作有一首著名茶诗是（   ）。

    A.《走笔谢孟谏议寄新茶》   B.《尚书惠蜡面茶》

    C.《次谢许少卿寄卧龙山茶》   D.《谢张和仲惠宝云茶》

125. 西湖龙井内质的品质特点是（   ）。

    A. 汤色碧绿、滋味甘醇鲜爽   B. 清香优雅、浓郁甘醇、鲜爽甜润

    C. 内质清香、汤绿味浓   D. 香高馥郁、味浓醇和、汤色清澈明亮

126. 皖南屯绿内质的品质特点是（   ）。

   A. 汤色碧绿、滋味甘醇鲜爽

   B. 清香优雅、浓郁甘醇、鲜爽甜润

   C. 内质清香、汤绿味浓

   D. 香高馥郁、味浓醇和、汤色清澈明亮

127. 香气浓郁，具"玫瑰香"，汤色红艳鲜亮具"金圈"，品质超群，被誉为"群芳最"是（   ）的品质特点。

   A. 安溪铁观音   B. 云南普洱茶   C. 祁门红茶   D. 太平猴魁

128. 滇红工夫红茶内质的品质特点是（   ）。

   A. 香气清纯，滋味甜爽，汤色橙黄明净，叶底嫩黄匀亮

   B. 清香高长，汤色清澈，滋味鲜浓、醇厚、甘甜，叶底嫩黄肥壮成朵

   C. 汤色鲜亮，香气鲜郁高长，滋味浓厚鲜爽，富有刺激性，叶底红匀嫩亮

   D. 香气清高，味道干鲜

129. （   ）被陆羽评为"天下第一泉"。

   A. 庐山康王谷谷帘泉   B. 镇江金山寺中冷泉

   C. 杭州飞来峰玉女泉   D. 山东济南趵突泉

130. 烹茗井在灵隐山，（   ）曾经用它煮饮茶汤，因此而得名。

   A. 李时珍   B. 欧阳修   C. 王安石   D. 白居易

131. 泡茶时，先注满沸水再放茶叶，称为（   ）。

   A. 上投法   B. 中投法   C. 下投法   D. 点茶法

132. （   ）夹杂物会直接影响茶叶的卫生。

   A. 茶梗   B. 茶花   C. 茶片   D. 草叶

二、判断题（将判断结果填入括号中，正确的填"√"，错误的填"×"）

1.（   ）茶艺服务中的文明用语通过语气、表情、声调等与品茶客人交流时要语气平和、态度和蔼、热情友好。

2.（   ）最早记载茶为药用的书籍是《神农本草》。

3.（   ）世界上第一部茶书的书名是《茶谱》。

4.（   ）茶树扦插繁殖后代，能充分保持母株的性状和特性。

5.（   ）审评茶叶应包括色泽与内质两个项目，但在评比时大部分茶类都比较注重外形与滋味两因子。

6.（   ）茶多酚具有降血脂、杀菌消炎、抗氧化、抗衰老、抗辐射、抗突变等药

理作用。

7.（　）《茶叶卫生标准的分析方法》（GB/T 5009.57—2003）规定茶叶中 DDT 的含量不能超过 0.2 mg/kg。

8.（　）在《中华人民共和国劳动法》中对劳动者纪律和道德观念方面的素质要求是遵守劳动纪律和职业道德。

9.（　）在为宾客引路指示方向时，应用手明确指向方向，面带微笑，眼睛看着目标，并兼顾宾客是否意会到目标。

10.（　）日本人和韩国人讲究饮茶，注重饮茶礼法，茶艺师为其服务时应注重礼节和泡茶规范。

11.（　）接待蒙古族宾客，敬茶时应用右手，以示尊重。

12.（　）茶艺师在接待佛教宾客时，应主动与僧尼握手。

13.（　）接待身体残疾的宾客时，应安排在适当位置，遮掩其缺陷。

14.（　）宁红太子茶艺中筛水的雅称为"玉泉催花"。

15.（　）安溪乌龙茶艺的程序共为 12 道。

16.（　）闽、粤、台流行的"姜茶饮方"是用茶叶、姜和蔗糖调配用水煎熬的调饮茶。

17.（　）四川峨眉玉液泉"神水"无色透明，无悬浮物，其味颇似汽水。用以和面烙饼、蒸馒头有既不用发酵，也不必用碱中和的奇特功效。

18.（　）把茶叶放在食指和拇指之间能捏成粉末的茶叶含水量都在 6% 以上，保鲜性能好。

19.（　）根据不同茶具的质地和性能，冲泡红茶宜选配保暖茶具。

20.（　）遵守职业道德的必要性和作用，体现在促进个人道德修养、行风建设和事业发展。

21.（　）茶艺的主要内容是表演和欣赏。

22.（　）泡饮红茶一般用 90 ℃的水冲泡。

23.（　）武夷岩茶的汤色主要是橙黄型。

24.（　）用于泡茶的自来水，要求总余氯大于 0.3 mg/L。

25.（　）接待印度宾客时，茶艺师应注意不要用左手递物。

26.（　）茶艺师在与信奉佛教宾客交谈时，不能问僧尼法号。

27.（　）陆羽泉水清味甘，陆羽以自凿泉水，烹自种之茶，在唐代被誉为"天下第四泉"。

28.（　　）为壮族宾客服务时，奉茶时要用单手。

29.（　　）新茶与陈茶的区别主要看色泽即可。

30.（　　）为新维吾尔族宾客服务时，尽量当宾客面冲洗杯子以示清洁。

31.（　　）巴基斯坦西北地区流行饮绿茶，多数习惯清饮。

32.（　　）狭义茶文化的含义是茶的精神财富。

33.（　　）在各种茶叶的冲泡过程中，茶叶的品种、水温和茶叶的浸泡时间是冲泡技巧中的三个基本要素。

参 考 文 献

［1］杨多杰.茶的精神［M］.北京：中华书局，2023.

［2］周重林，邓国.普洱茶的七堂课［M］.武汉：华中科技大学出版社，2020.

［3］李成文，卫明.中国茶药方［M］.北京：人民卫生出版社，2022.

［4］李炳炎，林楠.潮州茶器［M］.广州：暨南大学出版社，2022.

［5］孙绪芹.茶馆酒肆的经营与管理——基于南京茶肆的实证研究［M］.北京：
光明日报出版社，2022.

［6］李安鸣.湖南工夫红茶［M］.北京：光明日报出版社，2022.

［7］苏兴茂，杨文俪.中国茶韵［M］.厦门：厦门大学出版社，2022.

［8］张莹.云之深处——采茶［M］.上海：上海音乐出版社，2021.

［9］周重林.新茶路［M］.武汉：华中科技大学出版社，2021.

［10］木霁弘.茶马古道文化遗产线路［M］.昆明：云南大学出版社，2020.

［11］伍育琦，高忠垠.茶马古道上的民间音乐文化"活化石"［M］.成都：西南
交通大学出版社，2019.

［12］洪漠如.安化黑茶［M］.武汉：华中科技大学出版社，2019.

［13］王欢.以茶叙事——茶艺审美的诗意化表达［M］.杭州：浙江大学出版社，
2019.

［14］张伟强.茶艺［M］.重庆：重庆大学出版社，2008.

［15］周重林.茶与酒，两生花［M］.武汉：华中科技大学出版社，2018.

［16］小仲马.茶花女［M］.李玉民，译.沈阳：春风文艺出版社，2015.

［17］罗伯特·福琼.两访中国茶乡［M］.敖雪岗，译.南京：江苏人民出版社，
2016.

［18］蒋文中.茶马古道研究［M］.昆明：云南人民出版社，2014.

［19］唐力新.浙江名茶［M］.杭州：浙江工商大学出版社，2017.

［20］周作人.春水煎茶，听雨看花［M］.武汉：华中科技大学出版社，2020.

［21］陈慈玉.近代中国茶业之发展［M］.北京：中国人民大学出版社，2013.

[22] 龚永新，张耀武.价值视域中的茶与茶和天下[J].中国茶业加工，2024（1）：51-55.

[23] 刘赛男.茶文化在古代文学中的融合发展 [J].福建茶叶，2023，45（12）：196-198.

[24] 盖圣.茶文化的哲学思想和时代价值 [J].福建茶叶，2023，45（12）：1-3.

[25] 李玉娟，朱桂凤.浅析中国茶事文化及其功能 [J].文化学刊，2023（6）：239-242.

[26] 赵丽琴.中国画元素在茶包装设计中的应用 [J].绿色包装，2022（12）：116-119.

[27] 曹茂.云南各民族茶历史文化遗产研究 [J].农业考古，2022（2）：203-210.

[28] 王富强.茶的功能性对体育运动的影响探讨 [J].食品安全导刊，2023（29）：144-146.

[29] 张静红.茶气和茶韵：中国式的"味感"表述 [J].文化遗产，2021（6）：98-106.

[30] 杨旭.茶艺表演在旅游景区中的应用与影响 [J].福建茶叶，2024，46（3）：64-66.

[31] 汪婷."岗课赛证"互融下《茶文化与茶艺》课程的教学改革研究[J].公关世界，2023（1）：101-103.

[32] 卢常艳.高职《茶艺》课程教学改革创新路径探究 [J].广东茶业，2023（4）：38-42.

[33] 吴华群.基于"融通"策略的专业课程思政改革与实践探索——以茶艺课程为例 [J].现代职业教育，2023（1）：49-52.